国家示范性高职院校重点专业建设项目工学结合教材

沼气生产与利用技术

刘德江　主编

张富年　王海波　副主编

中国农业大学出版社

编写人员

主　编　刘德江　（新疆农业职业技术学院）

副主编　张富年　（新疆农村能源工作站）

王海波　（新疆农业职业技术学院）

编　者　邱桃玉　（新疆农业职业技术学院）

马丽媛　（新疆立兴源生态环保科技公司）

饶晓娟　（新疆农业职业技术学院）

主　审　邱　凌　（西北农林科技大学）

马跃峰　（新疆农村能源工作站）

编 写 说 明

本教材是新疆农业职业技术学院国家示范性院校建设农村能源与环境技术重点专业工学结合课程开发项目，由学校专业教师、行（企）业专家双方合作完成。从职业岗位分析入手，结合专业顶岗实习环节，制定课程标准，在此基础上组织校企专家共同编写而成。

《沼气生产与利用技术》是农村能源与环境技术专业的重要核心课程，本教材是基于工作过程开发的工学结合校本教材。采用现代职业教育的新理念，先分析职业（行动）领域的工作任务，再转化为学习领域的学习目标及任务，最后再设计出若干个学习情境。经过校企双方共同研究确定本课程共可分为7个学习情境（教学单元），其中第一单元、第三单元由刘德江编写，第二单元由饶晓娟编写，第四单元由王海波编写，第五单元由邱桃玉编写，第六单元由马丽媛编写，第七单元由张富年编写。全书各章节经过西北农林科技大学邱凌教授、新疆农村能源工作站高级农艺师马跃峰的审校，并提出了宝贵的修改意见，最后由刘德江统稿完成。

本教材具有以下特点：

1. 根据沼气生产工这一职业岗位工种的工作特点，设计岗位工作流程，按照工作过程重构教学内容，注重实践技术操作和经验性知识的获得。

2. 教材设置知识延伸、经验之谈及常见技术问题处理等模块，鼓励学生自主学习、学会学习。

3. 每一个工作过程后边都附有顶岗实习工作记录及考核评价，方便学生进行文本作业的练习；教材既用于教学，同时又是学生顶岗实习期间的技术手册。

4. 教材适用于全国农村能源类、环境保护类专业高职层次的学生使用。

编　者

2008年8月

序

能源是发展国民经济的重要物质基础，农村能源是关系农村经济发展和农民生活质量提高的重大问题。沼气是有机物质经过厌氧发酵转化而成的高品位清洁能源，作为一种可再生清洁能源越来越受到世界各国的广泛关注。

人类最初认识沼气，注重的是它的能源功能，随着科学技术的发展和人类认识能力的提高，沼气系统的生态功能和环卫功能越来越被人类所认识，它已经成为联结养殖和种植、生活用能和生产用肥的纽带，成为实现燃料、肥料和饲料转化的最佳途径，在循环农业中起着回收农业废弃物能量和物质的特殊作用。发展农村沼气，既可为农民提供高品位清洁能源，又可以通过生态链的延长增加农民收入，同时，能够保护和恢复森林植被，减少农药、化肥和大气污染，促进生态良性循环，改善农村环境卫生，增强现代农业持续发展的能力。

沼气生产和利用技术是一门多学科的系统工程技术，涉及微生物、种植业、养殖业、材料、建筑、数学、力学及物理、化学等多个学科的理论和技术的应用。

本教材结合高等农业职业教育的特点，以工作过程为导向，以职业技能为核心，通过模块式的教学方法，简明扼要地介绍了完成职业活动中每一项工作任务所采取的具体操作程序、步骤等。相信通过本教材的学习和技能训练，一定能使高等农业职业院校的学生具备从事沼气生产和利用的专业技术和能力，从而更好地为我国新农村建设、推动生态农业发展服务。

邱凌

（西北农林科技大学教授　博士生导师
中国沼气学会副理事长）

2008年8月30日

目　　录

第一部分

沼气生产基础知识

第一单元　沼气发酵基础知识

【职业活动与教学目标】

沼气发酵的基本理论和知识，是农村户用沼气池建设与管理、大中型沼气工程运行管理、生活污水沼气净化工程建设管理所必须具有的基础知识。只有在掌握了沼气发酵基本知识以后，才能更好地开展农村户用沼气建设和沼气工程运行管理工作；才能运用相关理论解决沼气生产中的实际问题。作为沼气技术管理人员在农村沼气建设与后续服务、大中型沼气工程运行管理等技术岗位工作中，必须具备下列知识点：

沼气的概念与特性；沼气发酵的微生物类型及作用；沼气发酵的基本原理及其在生产中的应用；沼气发酵的基本条件及对沼气生产的指导作用；沼气发酵的工艺类型；沼气发酵实验训练与发酵记录等基本知识。

经过上述基本理论知识学习和实验训练后，学生应具备以下职业能力：

(1)农村工作经历和工作经验，能与农户进行有效沟通，加强沼气知识宣传。

(2)适应农村沼气建设的艰苦环境，不怕苦、不怕累，熟知劳动生产安全规定。以企业准员工或单位技术员的身份参与团队工作，能有效交往沟通。

(3)熟知沼气发酵的基本原理，能够运用有关理论解决生产中的技术问题。

(4)掌握沼气发酵所需要的7个条件，分析解决沼气生产中的故障诊断、发现新问题，并提出解决问题的有效措施。

(5)能够运用沼气发酵的理论知识，指导农村沼气建设、大中型沼气工程和生活污水沼气净化运行与管理。

第一节　沼气发酵基本原理

一、沼气的成分与性质

沼气发酵又称为厌氧消化、厌氧发酵和甲烷发酵，是指有机物质(如人畜家禽粪便、秸秆、杂草等)在一定的水分、温度和厌氧条件下，通过种类繁多、数量巨大、且功能不同的各类微生物的分解代谢，最终形成甲烷和二氧化碳等混合性气体(沼气)的复杂的生物化学过程。

沼气是一种混合气体，它是由甲烷(CH_4)、二氧化碳(CO_2)、硫化氢(H_2S)、水汽(H_2O)等多种气体组成的一种可燃性气体。其中 CH_4 占 50%～70%，CO_2 占 30%～35%，H_2S、N_2、H_2 和 NH_3 这些气体含量微小，占沼气总体积的 5%左右。在自然界中的湖泊、池塘、河流、沼泽地，常常看到有许多气泡从底部淤泥中冒出水面，如果把这些气体收集起来可以点燃，这种气体称沼气。因为它最初是在沼泽地中发现的，故因此而得名。

沼气是一种无色气体，微溶于水(100 体积的水只能溶解 3 个体积的沼气)，沼气是可燃气体，热值一般在 20 000～29 000 kJ/m^3，属中热值气体燃料，低于液化气和天然气。沼气比空气稍轻，其密度为 1.22 g/L，目前沼气很难液化装罐，只能以管道输气，因为其临界压力很高，平均为 56.64 atm。甲烷的分子直径极小，约为水泥沙浆孔隙的 1/4，故易漏气，因此在建造沼气池时一定要做到内部密封，尤其是贮气箱不能漏气。沼气与空气按 1∶10 的比例混合，在封闭状态下，遇火会迅速燃烧膨胀并产生很大的推动力，所以沼气可用作动力燃料，用于汽车、火车动力以及沼气发电。

二、沼气发酵微生物

沼气发酵微生物是人工制取沼气重要的因素和物质前提，在适宜沼气发酵微生物生长的条件下，并使各种类群的微生物得到基本的生长条件，各种发酵原料才能被转化为沼气。

(一)沼气微生物的种类

沼气发酵是一种极其复杂的微生物和化学过程，是微生物生命活动的结果。沼气发酵微生物分为发酵性细菌、产氢、产乙酸菌、食氢产甲烷菌和食乙酸产甲烷菌 5 大类菌群。从复杂有机物的降解，到甲烷的形成，就是由它们分工合作和相互作用完成的。在沼气发酵过程中，5 大类群细菌构成一条食物链，从各类群细菌的生理代谢产物或它们的活动对发酵液酸碱度(pH)的影响来看，沼气发酵过程可分为产酸阶段和产甲烷阶段。前 3 群细菌的活动可使有机物形成各种有机酸，因此，将其统称为不产甲烷菌。后 2 群细菌的活动可使各种有机物转化成甲烷，因此，将其统称为产甲烷菌。

1. 不产甲烷菌

在沼气发酵过程中，不能直接产生甲烷的微生物统称为不产甲烷菌。不产甲烷菌能将复杂的大分子有机物变成简单的小分子量的物质。它们的种类繁多，现已观察到的包括细菌、真菌和原生动物 3 大类。以细菌种类最多，目前已知的有

18个属51个种，随着研究的深入和分离方法的改进，还在不断发现新的种。根据微生物的呼吸类型可将其分为好氧菌、厌氧菌、兼性厌氧菌3大类型。其中，厌氧菌数量最大，比兼性厌氧菌、好氧菌多100～200倍，是不产甲烷阶段起主要作用的菌类。根据作用基质来分，有纤维分解菌、半纤维分解菌、淀粉分解菌、蛋白质分解菌、脂肪分解菌和其他一些特殊的细菌，如产氢菌、产乙酸菌等。

2. 产甲烷菌

在沼气发酵过程中，利用小分子量化合物形成沼气的微生物统称为产甲烷菌。如果说微生物是沼气发酵的核心，那么产甲烷菌又是沼气发酵微生物的核心，产甲烷菌是一群非常特殊的微生物。它们严格厌氧，对氧和氧化剂非常敏感，适宜在中性或微碱性环境中生存繁殖。它们依靠二氧化碳和氢气生长，并以废物的形式排出甲烷，是要求生长物质最简单的微生物。产甲烷菌的种类很多，目前已发现的产甲烷菌有3目、4科、7属和13种，根据它们的细胞形态分为八叠球菌、杆菌、甲烷螺旋形菌类。产甲烷菌生长缓慢，繁殖倍增的速度要慢15倍。由于产甲烷菌繁殖较慢、在发酵启动时，需加入大量的甲烷菌种。产甲烷菌在自然界广泛分布，如土壤中，湖泊、沼泽中，反刍动物（牛羊等）的肠胃道，淡水或咸水池塘污泥中，下水道污泥，腐烂秸秆堆，牛马粪以及城乡垃圾堆中都有大量的产甲烷菌存在。由于产甲烷菌的分离、培养和保存都有较大的困难，故迄今为止，所获得的产甲烷菌的纯种不多。一些菌的培养方法没有过关，所以产甲烷菌的纯种还不能应用于生产，这些直接影响到沼气发酵研究的进展，也是影响沼气池产气率提高不快的重要原因。

（二）沼气发酵微生物的作用

在沼气发酵过程中，不产甲烷菌与产甲烷菌相互依赖，互为对方创造维持生命活动所需的物质基础和适宜的环境条件；同时又相互制约，共同完成沼气发酵过程。它们之间的相互关系主要表现在下列几个方面：

1. 不产甲烷菌为产甲烷菌提供营养

原料中的碳水化合物、蛋白和脂肪等复杂有机物不能直接被产甲烷菌吸收利用，必须通过不产甲烷菌的水解作用，使其形成可溶性的简单化合物，并进一步分解，形成产甲烷菌的发酵基质，这样，不产甲烷菌通过其生命活动为产甲烷菌源源不断地提供合成细胞的基质和能源。另外，产甲烷菌连续不断地将不产甲烷菌所产生的乙酸、氢和二氧化碳等发酵基质转化为甲烷，使厌氧消化中不至于有酸和氢的积累，不产甲烷菌也就可以继续正常地生长和代谢。由于不产甲烷菌与产甲烷菌的协同作用，使沼气发酵过程达到产酸和产甲烷的动态平衡，维持沼气发酵的稳定运行。

2. 不产甲烷菌为产甲烷菌创造适宜的厌氧生态环境

在沼气发酵启动阶段，由于原料和水的加入，在沼气池中随之进入了大量的空气，这显然是对产甲烷菌有害的，但是由于不产甲烷菌类群中的好氧和兼性厌氧微生物的活动，使发酵液的氧化还原电位（氧化还原电位越低，厌氧条件越好）不断下降，逐步为产甲烷菌的生长和产甲烷菌创造厌氧生态环境。

3. 不产甲烷菌为产甲烷菌清除有毒物质

在以工业废弃物为发酵原料时，其中往往含有酚类、苯甲酸、氰化物、长链脂肪酸和重金属等物质。这些物质对产甲烷菌是有毒害作用的。而不产甲烷菌中有许多菌能分解和利用上述物质，这样就可以解除对产甲烷菌的毒害。此外，不产甲烷菌发酵产生的硫化氢（H_2S）可以与重金属离子作用，生成不溶性的金属硫化物而沉淀下来，从而解除了某些重金属的毒害作用。

4. 不产甲烷菌与产甲烷菌共同维持环境中适宜的酸碱度

在沼气发酵初期，不产甲烷菌首先降解原料中的淀粉和糖类等，产生大量的有机酸。同时，产生的二氧化碳也部分溶于水，使发酵液的酸碱度（pH）下降。但是，由于不产甲烷菌类群中的氨化细菌迅速进行氨化作用，产生的氨（NH_3）可中和部分有机酸。同时，由于甲烷菌不断利用乙酸、氢和二氧化碳形成甲烷，而使发酵液中有机酸和二氧化碳的浓度逐步下降。通过两类群细菌的共同作用，就可以使 pH 稳定在一个适宜的范围。因此，在正常发酵的沼气池中，pH 始终能维持在适宜的状态而不用人为的控制。

（三）沼气发酵微生物的特点

理论和实践证明，沼气发酵过程实质上是多种类群微生物的物质代谢和能量代谢过程，在此过程中，沼气发酵微生物是核心，其发酵工艺条件的控制都以沼气发酵微生物学为理论指导。具有以下特点：

1. 分布广，种类多

上至 1.2 万 m 的高空，下至 2 000 m 的地层深处都有微生物的踪迹。目前，已被人们研究过的微生物有 3 万～4 万种之多。沼气微生物在自然界中分布也很广，特别是在沼泽、粪池、污水池以及阴沟污泥中存在有各种各样的沼气发酵微生物，种类达 200～300 种，它们是可利用的沼气发酵菌种的源泉。

2. 繁殖快，代谢强

在适宜条件下，微生物有很高的繁殖速度。产酸菌在生长旺盛时，20 min 或更短的时间内就可以繁殖一代，产甲烷菌繁殖速度较慢，约为产酸菌的 1/15。微生物所以能够出现这样高的繁殖速度，主要因为它们具有极大的表面积和体积比值，例如直径为 1 μm 的球菌，其面积和体积的比值为 6 万，而人的这种比值却不到 1。所以，它能够以极快的速度与外界环境发生物质交换，使之具有很强的代谢能力。

3. 适应性强，容易培养

与高等生物相比，多数微生物适应性较强，并且容易培养。在自然条件下，成群体状态生长的微生物更是如此。例如，沼气池里的微生物(主要是厌氧和兼性厌氧两大菌群)在 10～60 ℃条件下，都可以利用多种多样的复杂有机物进行沼气发酵。有时经过驯化培养后的微生物可以加快这种反应，从而更有效地达到产生能源和保护环境的目的。

三、沼气发酵的过程

沼气发酵实质上是微生物的物质代谢和能量转换过程，在分解代谢过程中沼气微生物获取能量和物质，以满足自身生长繁殖，同时大部分物质转化为甲烷和二氧化碳。也就是说，发酵原料生成沼气是通过一系列复杂的生物化学反应过程来实现的。一般认为可分为 3 个阶段：

水解发酵阶段→产酸阶段→产甲烷阶段。

1. 水解发酵阶段

各种固体有机物在好氧和厌氧微生物分泌的各种酶的作用下，被水解成相对分子质量较小的单糖、氨基酸、甘油和脂肪酸。

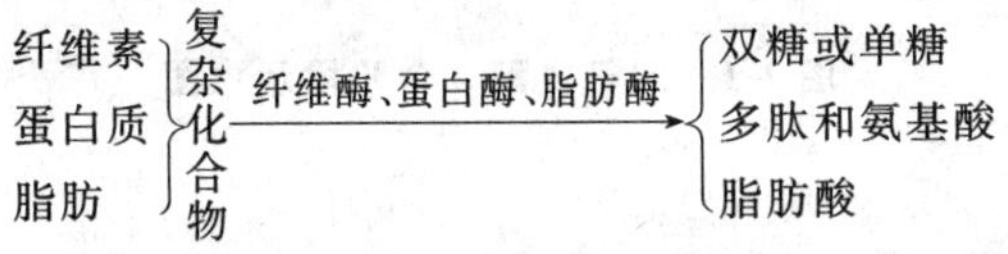

2. 产酸阶段

上述各种可溶性物质(双糖等)在纤维素细菌、脂肪细菌等作用下，继续分解转化成低分子物质，如丁酸、乙酸以及醇等简单有机物质，同时还产生氢气、二氧化碳等无机物。

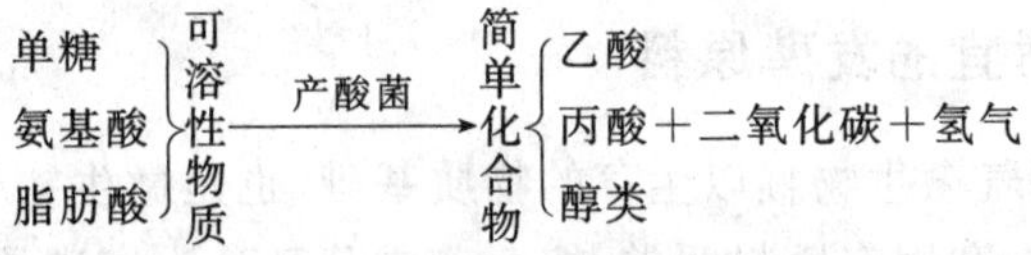

上述两个阶段是一个连续过程，通常称之为不产甲烷阶段，它是复杂的有机物转化沼气的先决条件。

3. 产甲烷阶段

产甲烷菌将第 2 阶段分解出来的乙酸等简单有机物分解成甲烷和二氧化碳，其中二氧化碳在氢气的作用下再还原成甲烷。

乙酸、丙酸、醇类 } 简单化合物 —产甲烷菌→ 甲烷＋二氧化碳

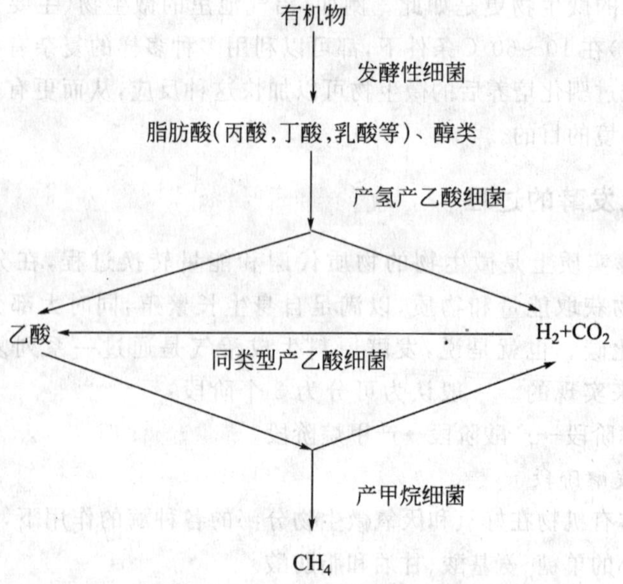

图 1-1 沼气发酵 3 个阶段示意图

第二节 沼气发酵的基本条件

沼气发酵是一个复杂的生物化学过程，需要具备下列 7 个条件才能产生质优量足的沼气。

一、碳氮比适宜的发酵原料

发酵原料是沼气微生物赖以生存的物质基础，也是微生物生命活动的营养物质，按形态分为液态和固态原料两类；按营养成分又分为富碳原料和富氮原料；按其来源分为农村沼气发酵原料、城镇沼气发酵原料和水生植物 3 类。

1. 富氮原料

通常指富含氮元素的人、畜和家禽粪便，这类原料经过人和动物肠胃系统的充分消化，一般颗粒细小，含水量较多，因此，在沼气发酵时，它们不必要进行预处理，就容易厌氧分解，产气很快，发酵期较短。

2. 富碳原料

通常是指富含碳元素的秸秆和秕壳等农作物的残余物，这类原料富含纤维素、半纤维素等物质。这类原料质地松散、比重小，进池后易漂浮形成发酵死区——浮壳层。因此，在发酵前一般要进行预处理。富碳原料比富氮原料分解慢，但产气周期长。

碳氮比(C/N)指有机物中总碳的含量与总氮的含量的比值，它是衡量原料分解及微生物活动的一个指标，对微生物而言，碳氮比(C/N)以(25～30)∶1为宜。牛粪与马粪的碳氮比(C/N)为(24～25)∶1，羊粪的碳氮比(C/N)为29∶1，猪粪的碳氮比(C/N)为13∶1，鸡粪为16∶1，鲜人粪为3∶1。

二、质优量足的菌种

沼气发酵的前提条件是要接种入含有大量沼气微生物(不产甲烷菌和产甲烷菌)，或者说含量丰富的菌种，如同发面需要酵头、酿酒需要曲子一样。

人们采集接种物的来源很多：沼气池的沼渣与沼液，湖泊、沼泽，池塘底部，阴沟污泥，污水处理厂的活性污泥，积水粪坑中，反刍动物的粪便及其肠胃中，屠宰厂、酿造厂的污水等。给新建的沼气池加入沼气菌种，目的是快速启动发酵，并不断的富集繁殖菌种，以保证大量产气。农村沼气池启动时一般加入接种物的量为总投料量的10%～30%。

三、严格的厌氧环境

产甲烷菌只能在严格厌氧的环境中才能生长，所以，在修建沼气池时，要严格密闭，做到不漏水不漏气。这不仅是收集沼气的需要，也是保证微生物在厌氧条件下生活得好，使沼气池能正常产气的需要。

四、适宜的发酵温度

温度是沼气发酵的重要外因条件，温度适宜则细菌繁殖旺盛，活力强，厌氧分解和生成甲烷的速度就快，产气量就多，所以温度是产气好坏的关键因素。研究发现，在10～60 ℃的范围内，沼气均能正常发酵产气。当池温低于10 ℃或高于60 ℃时，一般都不能产气。农村沼气池靠自然温度发酵，在10～30 ℃的范围内，温度越高，产气量越大。这就是为什么沼气池在夏季尤其是7月份产气量最大，而在冬季最冷的1月份产气最少、甚至于不产气的原因。因此，农村沼气池在管理上强调冬季必须采取保温措施（如建在日光温室中、池子上面覆盖保温材料、搭建拱棚）。

五、适宜的酸碱度

沼气微生物的生长、繁殖，要求发酵原料的酸碱度保持中性，或者微偏碱性，过酸、过碱都会影响产气。测定表明，酸碱度在 pH＝6～8 之间，均可产气，以 pH＝6.5～7.5 产气量最高，pH 低于 6 或高于 9 时均不产气。农村户用沼气池发酵初期由于产酸菌的活动，池内产生大量的有机酸，导致 pH 下降。随着发酵的持续进行，氨化作用产生的氨中和一部分有机酸，同时甲烷菌的活动，使大量的挥发性酸转化为甲烷（CH_4）和二氧化碳（CO_2），使 pH 逐渐回升到正常值。所以，在正常的发酵过程中，沼气池内的酸碱度变化可以自然进行调解，先由高到低，然后又升高，最后达到恒定的自然平衡（即适宜的 pH），一般不需要进行人为调节。只有在配料和管理不当，使正常发酵过程受到破坏的情况下，才可能出现有机酸大量积累，发酵料液过于偏酸的现象。此时，可取出部分料液，加入等量的接种物，将积累的有机酸转化为甲烷，或者添加适量的草木灰或石灰澄清液，中和有机酸，使酸碱度恢复正常。

六、适度的发酵浓度

农村沼气池的负荷常用容积有机负荷表示，即单位体积沼气池每天所承受的有机物的数量，通常以千克 COD/(m^3 · d)为单位。容积负荷是沼气池设计和运行的重要参数，其大小主要由厌氧活性污泥的数量和活性决定的。农村沼气池的负荷通常用发酵原料的浓度来体现，适宜的干物质浓度为 4％～10％，即发酵原料含水量为 90％～96％。发酵浓度随着温度的变化而变化，夏季一般为6％左右，冬季一般为 8％～10％。浓度过高或过低，都不利于沼气发酵。浓度过高，则含有水量过少，发酵原料不易分解，并容易积累大量酸性物质，不利于沼气菌的生长繁殖，影响正常产气。浓度过低则含水量过多，单位容积里的有机物含量相对减少，产气量也会减少，不利于沼气池的充分利用。

七、持续的搅拌

静态发酵沼气池原料加水混合与接种物一起投进沼气池后，按其比重和自然沉降规律，从上到下将明显地逐步分成 4 层：浮渣层、清液层、活性层、沉渣层。这样的分层分布,对微生物以及产气是很不利的。导致原料和微生物分布不均,大量的微生物集聚在底层活动,因为,此处接种污泥多,厌氧条件好,但原料缺乏,尤其是用富碳的秸秆做原料时,容易漂浮到料液表层,不易被微生物吸收和分解,同时形成的密实结壳,不利于沼气的释放。为了改变这种不利状况,就需要采取搅拌措施,变静态发酵为动态发酵。沼气池的搅拌通常分为机械搅拌、气体搅拌和液体搅拌 3 种方式。机械搅拌是通过机械装置运转达到搅拌目的;气体搅拌是将沼气从池底部冲进去,产生较强的气体回流,达到搅拌的目的;液体搅拌是从沼气池的出料间将发酵液抽出,然后从进料管冲入沼气池内,产生较强的液体回流,达到搅拌的目的。农村户用沼气池通常采用强制回流的方法进行人工液体搅拌,即用人工回流搅拌装置或污泥泵将沼气池底部料液抽出,再泵入进料口入池,促使池内料液强制循环流动,提高产气量。实践证明:适当的搅拌方式和强度,可以使发酵原料分布均匀,增强微生物与原料的接触,使之获取营养物质的机会增加,活性增强,生长繁殖旺盛,从而提高产气量。搅拌又可以打碎结壳,提高原料的利用率及能量转换效率,并有利于气泡的释放。采用搅拌后,平均产气量可提高 30%以上。

第三节 沼气发酵工艺类型

对于沼气发酵工艺,从不同角度有不同的分类方法。一般从投料方式、发酵温度、发酵阶段、发酵级差、料液流动方式等角度,可做如下分类:

一、以投料方式划分

沼气发酵微生物的新陈代谢是一个连续过程,根据该过程中的投料方式的不同,可分为连续发酵、半连续发酵和批量发酵 3 种工艺。

1. 连续发酵工艺

沼气池发酵启动后,根据设计时预定的处理量,连续不断地或每天定量地加入新的发酵原料,同时排走相同数量的发酵料液,使发酵过程连续进行下去。发酵装置不发生意外情况或不检修时,均不进行大出料。采用这种发酵工艺,沼气池内料液的数量和质量基本保持稳定状态,因此产气量也很均衡。这种工艺流程是先进的,但发酵装置结构和发酵系统比较复杂,造价也较昂贵,因而适用于大型的沼气发酵工程系统。如大型畜禽场粪污、城市污水和工厂废水净化处理,多采用连续发酵工艺。该工艺要求有充分的物料保证,否则就不能充分有效地发挥发酵装置的负荷能力,也不可能使发酵微生物逐渐完善和长期保存下来。因为连续发酵，不致因大换料等原因而造成沼气池利用率上的浪费，从而使原料消化能力和产气能力大大提高。

2. 半连续发酵工艺

沼气发酵装置初始投料发酵启动一次性投入较多的原料(一般占整个发酵周期投料总固体量的1/4～1/2)，经过一段时间，开始正常发酵产气，随后产气逐渐下降，此时就需要每天或定期加入新物料，以维持正常发酵产气，这种工艺就称为半连续沼气发酵。我国农村的沼气池大多属于此种类型。其中的“三结合”沼气池，就是将猪圈、厕所里的粪便随时流入沼气池，在粪便不足的情况下，可定期加入铡碎并堆沤后的农作物秸秆等纤维素原料，起到补充碳源的作用。这种工艺的优点是比较容易做到均衡产气和计划用气，能与农业生产用肥紧密结合，适宜处理粪便和秸秆等混合原料。

3. 批量发酵工艺

发酵原料成批量地一次投入沼气池，待其发酵完后，将残留物全部取出，又成批地换上新料，开始第2个发酵周期，如此循环往复。农村小型沼气干发酵装置和处理城市垃圾的“卫生坑填埋法”均采用这种发酵工艺。这种工艺的优点是投料启动成功后，不再需要进行管理，简单省事，其缺点是产气分布不均衡，高峰期产气量高，其后产气量低，因此所产沼气适用性较差。

二、以发酵温度划分

沼气发酵的温度范围一般在10～60 ℃之间，温度对沼气发酵的影响很大，温度升高沼气发酵的产气率也随之提高，通常以沼气发酵温度区分为：高温发酵、中温发酵和常温发酵工艺。

1. 高温发酵工艺

高温发酵工艺指发酵料液温度维持在50～60 ℃的范围之间，实际控制温度多在(53±2) ℃，该工艺的特点是微生物生长活跃，有机物分解速度快，产气率高，滞留时间短。采用高温发酵可以有效地杀灭各种致病菌和寄生虫卵，具有较好的卫生效果，从除害灭病和发酵剩余物肥料利用的角度看，选用高温发酵是较为实用的。但要维持消化器的高温运行，能量消耗较大。一般情况下，在有余热可利用的条件下，可采用高温发酵工艺，如处理经高温工艺流程排放的酒精废醪、柠檬酸废水和轻工食品废水等。

2. 中温发酵工艺

中温发酵工艺指发酵料液温度维持在(35±2) ℃的范围之间，与高温发酵相比，这种工艺消化速度稍慢一些，产气率要低一些，但维持中温发酵的能耗较少，沼气发酵能总体维持在一个较高的水平，产气速度比较快，料液基本不结壳，可保证常年稳定运行。为减少维持发酵装置的能量消耗，工程中常采用近中温发酵工艺，其发酵料液温度为25～30 ℃。这种工艺因料液温度稳定，产气量也比较均衡。总之，与经济发展水平相配套，工程上采取增温保温措施是必要的。

3. 常温发酵工艺

常温发酵工艺指在自然温度下进行沼气发酵，发酵温度受气温影响而变化，我国农村户用沼气池基本上采用这种工艺。其特点是发酵料液的温度随气温、地温的变化而变化，一般料液温度最高时为25 ℃，低于10 ℃以后，产气效果很差。其好处是不需要对发酵料液温度进行控制，节省保温和加热投资，沼气池本身不消耗热量；其缺点是同样投料条件下，一年四季产气率相差较大。南方农村沼气池在地下，还可以维持用气量。北方的沼气池则需建在太阳能暖圈或日光温室下，这样可确保沼气池安全越冬，维持正常产气。

三、以发酵阶段划分

根据沼气发酵分为“水解——产酸——产甲烷”3个阶段的理论，以沼气发酵不同阶段，可将发酵工艺划分为单相发酵工艺和两相（步）发酵工艺。

1. 单相发酵工艺

将沼气发酵原料投入到一个装置中，使沼气发酵的产酸和甲烷阶段合二为一，在同一装置中自行调节完成。即“一锅煮”的形式。我国农村全混合沼气发酵装置，大多数采用这一工艺。

2. 两相发酵工艺

两相发酵也称两步发酵，或两步厌氧消化。该工艺是根据沼气发酵3个阶段的理论，把原料的水解、产酸阶段和产甲烷阶段分别安排在两个不同的消化器中进行。水解、产酸池通常采用不密封的全混合式或塞流式发酵装置，产甲烷池则采用高效厌氧消化装置，如污泥床、厌氧滤器等。从沼气微生物的生长和代谢规律以及对环境条件的要求等方面看，产酸细菌和产甲烷细菌有着很大差别。因而为它们创造各自需要的最佳繁殖条件和生活环境，促使其优势生长，迅速地繁殖，将消化器分开来，是非常合适的。这既有利于环境条件的控制和调整，也有利于人工驯化、培养优异的菌种，总体上便于进行优化设计。也就是说，两步发酵较之单相发酵工艺过程的气量、效率、反应速度、稳定性和可控性等方面都要优越，而且生成的沼气中的甲烷含量也比较高。从经济效益看，这种流程加快了挥发性固体的分解速度，缩短了发酵周期，从而也就降低了生成甲烷的成本和运转费用。

四、按发酵级差划分

1. 单级沼气发酵工艺

简单地说,就是产酸发酵和产甲烷发酵在同一个沼气发酵装置中进行,而不将发酵物再排入第 2 个沼气发酵装置中继续发酵。从充分提取生物质能量、杀灭虫卵和病菌的效果以及合理解决用气、用肥的矛盾等方面看,它是很不完善的,产气效率也比较低。但是这种工艺流程的装置结构比较简单,管理比较方便,因而修建和日常管理费用相对来说比较低廉,是目前我国农村最常见的沼气发酵类型。

2. 多级沼气发酵工艺

所谓多级发酵,就是由多个沼气发酵装置串联而成。一般第 1 级发酵装置主要是发酵产气,产气量可占总产气量的 50%左右,而未被充分消化的物料进入第 2 级消化装置,使残余的有机物质继续彻底分解,这既有利于物料的充分利用和彻底处理废物中的 BOD,也在一定程度上能够缓解用气和用肥的矛盾。如果能进一步深入研究双池结构的形式,降低其造价,提高多级发酵的运转效率和经济效果,对加速我国农村沼气建设的步伐是有现实意义的。从延长沼气池中发酵原料的滞留时间和滞留路程、提高产气率、促使有机物质的彻底分解角度出发,采用多级发酵是有效的。对于大型的两级发酵装置,第 1 级发酵装置安装有加热系统和搅拌装置,以利于产气量,而第 2 级发酵装置主要是彻底处理有机废物中的 BOD,不需要搅拌和加温。但若采用大量纤维素物料发酵,为防止表面结壳,第 2 级发酵装置中仍需设备搅拌。把多个发酵装置串联起来进行多级发酵,可以保证原料在装置中的有效停留时间,但是总的容积与单级发酵装置相同时,多级装置占地面积较大,装置成本较高。另外由于第 1 级池较单级池水力滞留期短,其新料所占比例较大,承受冲击负荷的能力较差。如果第 1 级发酵装置失效,有可能引起整个装置的发酵失败。

五、按发酵浓度划分

1. 液体发酵工艺

发酵料液的干物质浓度控制在 10%以下,在发酵启动时,加入大量的水。出料时,发酵液如用作肥料,无论是运输、贮存或施用都不方便。对于旱地区,由于水源不足,进行液体发酵也感到困难。

2. 干发酵工艺

干发酵又称固体发酵,发酵原料的总固体浓度控制在 20%以上,干发酵用水量少,其方法与我国农村沤制堆肥基本相同。此方法可一举两得,既堆沤了肥又生产了沼气。干发酵工艺由于出料困难，不适合户用沼气采用。

六、以料液流动方式划分

1. 无搅拌且料液分层的发酵工艺

当沼气池未设置搅拌装置时，无论发酵原料为非匀质的（草粪混合物）或匀质的（粪），只要其固形物含量较高，在发酵过程中料液会出现分层现象（上层为浮渣层，中层为清液层，中下层为活性层，下层为沉渣层）。这种发酵工艺，因沼气微生物不能与浮渣层原料充分接触，上层原料难以发酵，下层常常又占有越来越多的有效容积，因此，原料产气率和池容产气率均较低，并且必须采用大换料的方法排除浮渣和沉淀。

2. 全混合式发酵工艺

由于采用了混合措施或装置，池内料液处于完全均匀或基本均匀状态，因此，微生物能和原料充分接触，整个投料容积都是有效的。它具有消化速度快、容积负荷率和体积产气率高的优点。处理禽畜粪便和城市浮泥的大型沼气池属于这种类型。

3. 塞流式发酵工艺

采用这种工艺的料液，在沼气池内无纵向混合，发酵后的料液借助于新鲜料液的推动作用而排走。这种工艺能较好地保证原料在沼气池内的滞留时间，在实际运行过程中，完全无纵向混合的理想塞流方式是没有的。许多大中型畜禽粪污沼气工程采用这种发酵工艺。

沼气发酵工艺除有以上划分标准外，还有一些其他的划分标准。例如，把"塞流式"和"全混合式"结合起来的工艺，即"混合——塞流式"；以微生物在沼气池中的生长方式区分的工艺，如"悬浮生长系统"发酵工艺，"附着生长系统"发酵工艺。需要注意的是，上述发酵工艺是按照发酵过程中某一条件特点进行分类的，而实践中应用的发酵工艺所涉及的发酵条件较多，上述工艺类型一般不能完全概括。因此，在确定实际的发酵工艺属于什么类型时，应具体分析。比如，我国农村大多数户用沼气池的发酵工艺，从温度来看，是常温发酵工艺；从投料方式来看，是半连续投料工艺；从料液流动方式看，是料液分层状态工艺；按原料的生化变化过程看，是单相发酵工艺，因此其发酵工艺属于常温、半连续投料、分层、单相发酵工艺。

【分析思考题】

1. 试分析建造沼气池必须做到一不漏水、二不漏气的理论依据。

2. 为什么用沼气爆炒的菜不如用天然气的香？

3. 沼气发酵原料进行预处理的作用是什么？如何更好地预处理原料？

4. 分析农村户用沼气池的发酵工艺类型。

5. 你认为在沼气发酵的 7 个条件中，哪 3 个最重要(排序)？

【知识延伸】

1. 分析沼气干法发酵的优缺点。

2. 湿法发酵与干法发酵相比较具有哪些不同点、相同之处？

3. 了解德国沼气发酵的新技术，如何指导我国沼气理论的发展？

4. 沼气发酵的“三阶段”理论对指导农村户用沼气投料启动有何意义？

5. 试分析在沼气发酵的几种工艺类型中，农村户用沼气池与大中型沼气工程各属于哪种发酵工艺类型？

6. 上网浏览查阅沼气发酵的最新技术：中国沼气网 www.biogas.com.cn

【实训操作】

沼气发酵实训

一、发酵原料的采集

(1)一般采集新鲜的家畜粪便，4 种家畜粪便中以奶牛粪的发酵最好。

(2)采样方法：用小铁铲子多点采样，将采集的各点样品集中起来，充分混合均匀，带回实验室。

二、发酵原料与接种物的混合

(1)配制 10 L 8%浓度的发酵液，按下列公式计算出应加入的牛粪质量与接种物质量，并用天平或台秤称重。

$$\text{发酵浓度}(\%)=\frac{\text{原料重量}\times\text{干物质含量}(\%)+\text{接种物重量}\times\text{干物质含量}(\%)}{\text{原料重量}+\text{接种物重量}+\text{水的重量}}$$

(2)装罐与发酵：将原料与接种物分别装入发酵罐中。

三、发酵装置的安装与发酵参数设定

按装置图连接各部分，安装好发酵设备。

四、发酵参数设定

在工业 PC 操作面板上设定好发酵温度、酸碱度、搅拌转速等有关发酵参数，恒温发酵 15 d，做好每天的产气记录。

五、发酵记录

【沼气发酵实训记录单】

一、原料收集与接种物培养过程记录：

原料种类______　数量______ kg　原料干物质含量______ %

接种物来源______　干物质(TS)含量______ %　培养方法与时间______ d。

二、发酵装置安装与发酵参数设定记录：

发酵装置类型________　发酵罐容积________ L　集气瓶容积________ L

发酵浓度________ %　原料用量________ g　接种物用量________ g

加水量________ g。

发酵设定温度________ ℃　转速________ r/min　pH 值设定________。

三、产气量变化及气量记录：

发酵天数	第 2 天	第 4 天	第 6 天	第 8 天	第 10 天	第 12 天	第 14 天	总产气量
产气量								

第二单元　生态家园建设基本知识

【职业活动与教学目标】

国家实施的“生态家园富民行动”项目，核心是以沼气技术为纽带开展生态家园建设，主要包括“三结合”沼气生态模式、“四位一体”能源生态模式、养殖型沼气生态模式等的设计与规划工作；生态农业建设与管理工作等。

从事上述工作应使学生具备以下知识和技能：

(1)农村工作经历和工作经验，能与农户进行有效沟通，加强生态家园知识宣传。

(2)适应农村沼气建设的艰苦环境，不怕苦、不怕累，熟知劳动生产安全规定。以企业准员工或单位技术员的身份参与团队工作，能有效交往沟通。

(3)熟知生态学的基本原理，能够运用有关理论解决生产中的问题。

(4)掌握沼气池在各种生态家园建设模式中的桥梁与纽带作用，分析解决沼气生态模式建设与管理过程中的技术问题，并提出解决问题的有效措施。

(5)能够运用生态学的理论知识，指导生态农业建设与管理并能简单设计生态家园的模式。

第一节　生态家园概述

一、生态家园的概念及建设目标

生态家园富民计划是以沼气为纽带，整合利用可再生能源技术和高效生态农业技术，建设以农村户用沼气为纽带的各类能源生态模式工程，同时根据实际需要，配套建设太阳能利用工程、省柴节煤工程和小型电源工程。生态家园的建设目标是实现家居温暖清洁化、庭院经济高效化和农业生产无害化。

家居温暖清洁化的建设内容包括沼气池、太阳能热水器、太阳灶、太阳房、省柴节煤炉灶及高效预制组装架空炕连灶，解决农民的生活用能，提高农民生活质量，减少林草等生物能的消耗；庭院经济高效化的建设内容包括沼气池、养殖业、大棚种植业或果园蔬菜，可开展立体养殖，并通过沼气池将种植业与养殖业有机地结合起来，实现物质的充分利用和能量的多级循环；农业生产无害化是利用沼气池的净化功能将畜禽粪便无害化处理(厌氧发酵)，并将发酵产物(沼液和沼渣)用于农业生产，包括做基肥、叶面肥和抗病驱虫,可生产出无公害甚至于绿色的农产品。

二、生态家园的特点

(1)以人为本,从农民最关心的家园建设入手,重视改变他们的最基本的生产生活条件,围绕人的需求、为了人的利益、实现人的发展。

(2)强化综合,通过对农户家园沼气池、家禽舍、日光温室等多项农村能源技术和种植、养殖技术的优化组合,综合开发,实现集约化发展。

(3)循环再生,通过以沼气为纽带的能源生态模式的推广,形成种植业生产、养殖业消费、微生物分解的生态循环,实现生态与富民的协调。

(4)注重实效,大力推广适用技术、成熟技术,通过典型带动、效益吸引,增强农民建设的主动性。

(5)着眼大局,大处着眼,小处着手,以微观系统的生态良性循环来促进宏观系统的生态环境改善,兼顾国家生态利益和农民的长久生计。

三、生态家园建设的意义

生态家园是农业部实施的一项生态富民工程,以农村可再生能源和生态农业技术为切入点,通过对各项技术的优化组合、配套,使农村环境卫生条件明显改善,农民生活质量显著提高,实现经济、生态和社会的可持续发展,对新农村建设具有重要意义。

(1)生态家园建设把生态环境改善寓于农民增收和农村经济发展之中,以沼气技术为纽带产生的综合效益为吸引力,将国家生态环境建设的目标与广大农民的切身利益紧密结合起来,集千家万户的力量和效益于一体。

(2)生态家园建设将国家的资金投入直接补给农民,落实到沼气池的建设上。

(3)生态家园建设把最实用的技术打捆送给农民,如"猪—沼—果"、"四位一体"等模式的推广应用,注重适用技术的整合,通过沼气池这一物化的载体,向农民推广一整套生态种植、养殖等具有较高科技含量的实用技术。

第二节　典型模式介绍

一、南方"猪—沼—果"能源生态模式

南方"猪—沼—果"能源生态模式是以农户为基本单元,利用房前屋后的山地、水面、庭院等场地,主要建设畜禽舍、沼气池、果园等几部分,同时使沼气池建设与畜禽舍和厕所3结合,形成养殖—沼气—种植三位一体庭院经济格局,形成

生态良性循环，增加农民收入。

该模式的基本要素是“户建一口池，人均年出栏两头猪，人均种好一亩果”。基本运作方式：沼气用于农户日常做饭点灯，沼肥用于果树或其他农作物种植，沼液用于鱼塘和饲料添加剂喂养生猪，果园套种蔬菜和饲料作物，满足庭院畜禽养殖饲料需求。

该模式围绕农业主导产业，因地制宜开展沼液、沼渣综合利用。除养猪外，还包括养牛、养羊、养鸡等庭院养殖业；除与果业结合外，还与粮食、蔬菜、经济作物等相结合，构成“猪—沼—果”、“猪—沼—菜”、“猪—沼—鱼”、“猪—沼—稻”等衍生模式。详见图 2-1、图 2-2 所示。

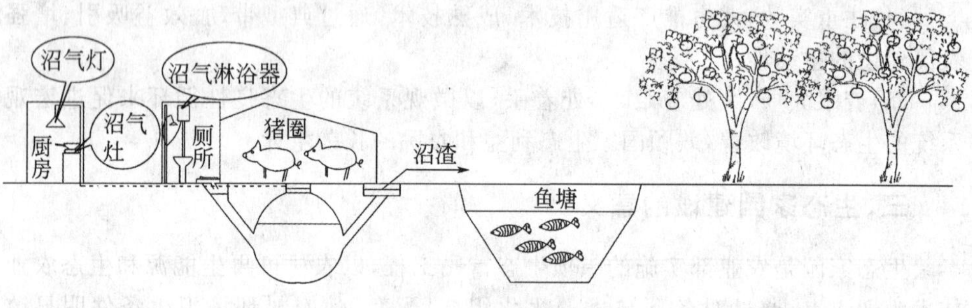

图 2-1 南方“猪—沼—果”模式示意图

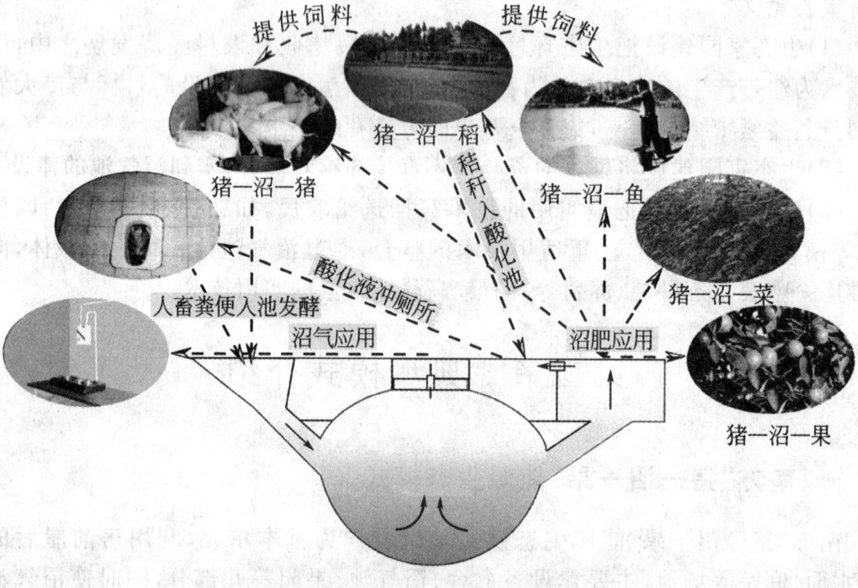

图 2-2 南方“猪—沼—果”模式运行图

二、北方“四位一体”模式能源生态模式

(一)北方“四位一体”模式的原理

北方“四位一体”能源生态模式是在农户庭院内建日光温室，在温室的下端地下建沼气池，沼气池上建猪圈和厕所，温室内种植蔬菜或水果。该模式以太阳能为动力，以沼气为纽带，种植业和养殖业相结合，形成生态良性循环，增加农民收入。详见图 2-3 所示。

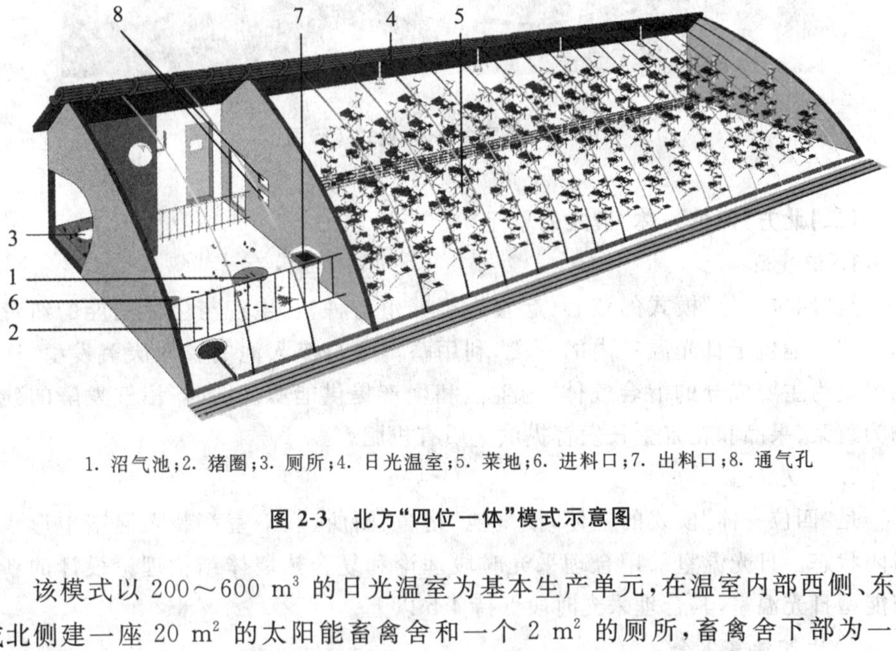

1. 沼气池；2. 猪圈；3. 厕所；4. 日光温室；5. 菜地；6. 进料口；7. 出料口；8. 通气孔

图 2-3　北方“四位一体”模式示意图

该模式以 200～600 m^3 的日光温室为基本生产单元，在温室内部西侧、东侧或北侧建一座 20 m^2 的太阳能畜禽舍和一个 2 m^2 的厕所，畜禽舍下部为一个 6～10 m^3 的沼气池。利用塑料薄膜的透光和阻散性能及复合保温墙体结构，将日光能转化为热能，阻止热量及水分的散发，达到增温、保温的目的，使冬季日光温室温度保持 10 ℃以上，从而解决了反季节果蔬生产、畜禽和沼气池安全越冬问题。温室内饲养的畜禽可以为日光温室增温并为农作物提供二氧化碳气肥，农作物光合作用又能增加畜禽舍内的氧气含量；沼气池发酵产生的沼气、沼液和沼渣可用于农民生活和农业生产，从而达到环境改善、能源利用、促进生产提高生活水平的目的。

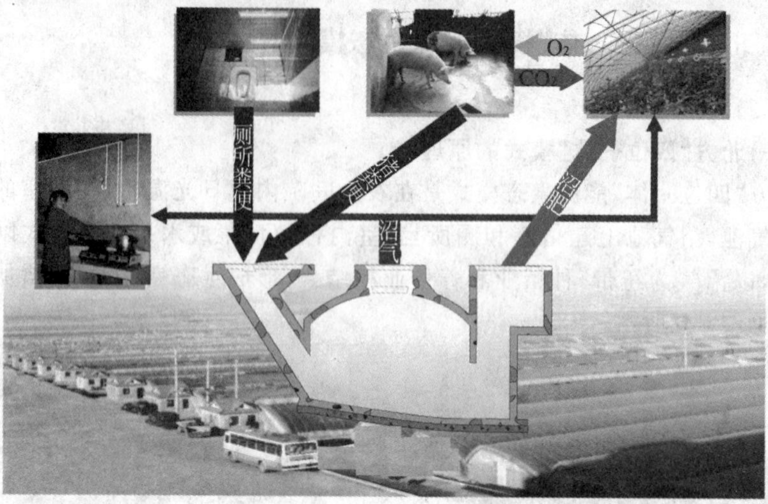

图 2-4 “四位一体”模式运行图

(二)北方“四位一体”模式的单元功能

1. 沼气池

是“四位一体”模式的核心,起着连接养殖与种植、生产与生活用能的纽带作用。沼气池位于日光温室内的一段,利用畜禽舍自流入池的粪尿厌氧发酵,产生以甲烷为主要成分的混合气体,为生活和生产提供能源。同时,沼气发酵的残余物为蔬菜、果品和花卉生长发育提供优质有机肥。

2. 日光温室

是“四位一体”模式的主体,沼气池、猪舍、厕所、栽培室都装入温室中形成全封闭状态。日光温室采用合理采光时段理论和复合热墙体结构理论设计的新型节能型日光温室,其合理采光时段保持 4 h 以上。

3. 太阳能畜禽舍

是“四位一体”模式的基础,根据日光温室设计原则设计,使其既达到冬季保温、增温,又能在夏季降温、防晒。使生猪全年生长,缩短育肥时间,节省饲料,提高养猪效益,并使沼气池常年产气利用。

(三)北方“四位一体”模式的效益

(1)以庭院为基础,充分利用空间,搞地下、地上、空中立体生产,提高土地利用率。

(2)高度利用时间,生产不受季节、气候限制,改变了北方一季有余,二季不足的局面,使冬季农闲变农忙。

(3)高度利用劳动力资源。北方模式是以自家庭院为生产基地,家庭妇女、闲散劳力、男女老少都可以从事生产。

(4)缩短养殖、种植时间,提高养殖业和种植业经济效益。一般每户年可养猪20头,种植蔬菜150 m^2,每年纯收入5 000元。

(5)为城乡人民提供充足的鲜肉和鲜菜,繁荣了市场,发展了经济。

三、西北"五配套"能源生态模式

(一)西北"五配套"能源生态模式的原理

西北"五配套"能源生态模式是由沼气池、厕所、太阳能暖圈、水窖、果园灌溉设施5部分配套建设而成。沼气池是西北"五配套"能源生态模式的核心部分,通过高效沼气池的纽带作用,把农村生产用肥和生活用能有机地结合起来,形成以牧促沼、以沼促果、果牧结合的良性生态循环系统。

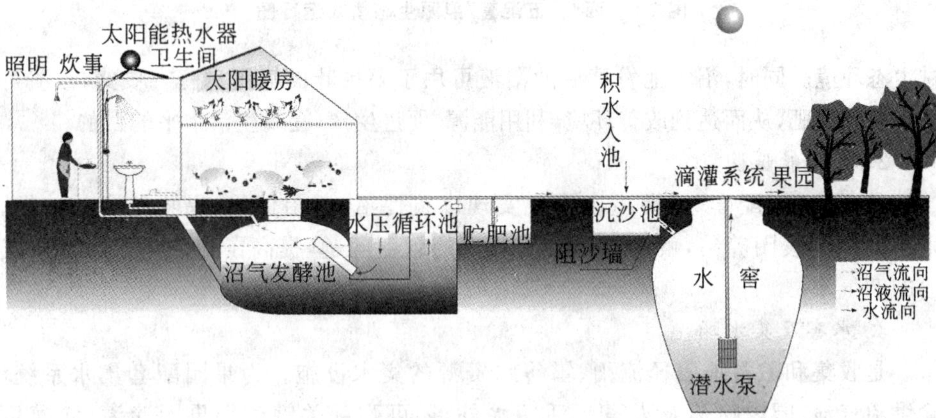

图2-5 西北"五配套"能源生态模式示意图

(二)西北"五配套"模式的单元功能

1. 高效沼气池

是西北"五配套"能源生态模式的核心,起着连接养殖与种植、生活用能与生产用肥的纽带作用。在果园或农户住宅前后建一口8 m^3 的高效沼气池,既可解决点灯、做饭所需燃料,又可解决人畜粪便随地排放造成的各种病虫害的滋生,改变了农

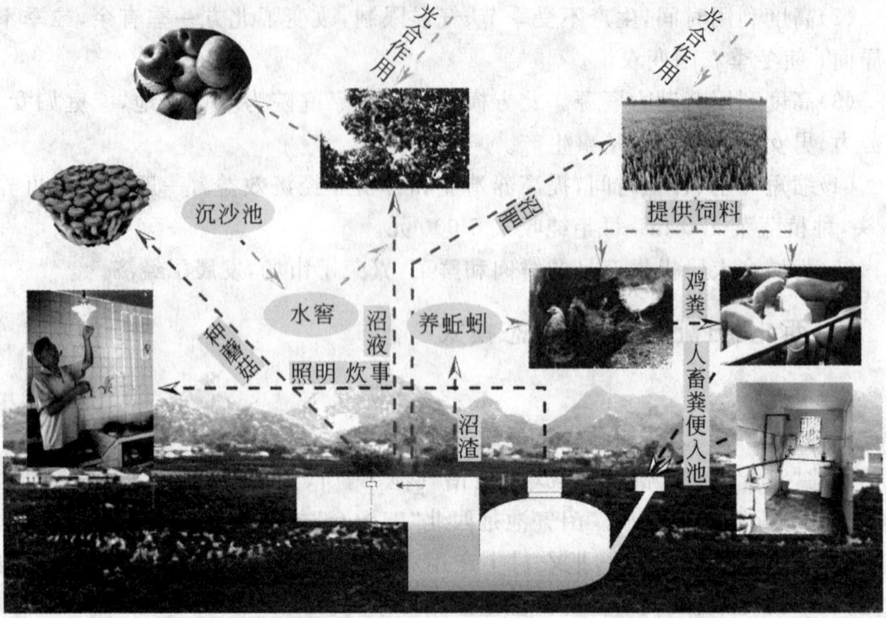

图 2-6 西北“五配套”能源生态模式运行图

村生态环境。同时，沼气池发酵后的沼液可用于果树叶面喷肥、打药、喂猪，沼渣可用于果园施肥，从而达到改善环境，利用能源，促进生产，提高生活水平的目的。

2. 太阳能暖圈

是西北“五配套”能源生态模式实现以牧促沼、以沼促果、果牧结合的前提。采用太阳能暖圈养猪，解决了猪和沼气池的越冬问题，提高了猪的生长率和沼气池的产气率。

3. 水窖及集水场

是收集和贮蓄地表径流雨、雪等水资源的集水设施。为果园配套集水系统，除供沼气池、园内喷药及人畜生活用水外，还可弥补关键时期果园滴灌、穴灌用水，防止关键时期缺水对果树生长的影响。

4. 果园灌溉设施

是将水窖中蓄积的雨水通过水泵增压提水，经输水管道输送、分配到滴灌管滴头，以水滴或细小射流均匀而缓慢地滴入果树根部附近。结合灌水可使沼气发酵子系统产生的沼液随灌水施入果树根部，使果树根系区经常保持适宜的水分和养分。

(三)西北“五配套”模式的效益

西北“五配套”能源生态模式实行鸡猪主体联养,圈厕池上下联体,种养沼有机结合,使生物种群互惠共生,物能良性循环,取得了省煤、省电、省劳、省钱;增肥、增效、增产;病虫减少、水土流失减少;净化环境的“四省、三增、两减少、一净化”的综合效益。

1. 拉动了种养业的大发展

西北“五配套”能源生态模式将农业、畜牧业、林果业和微生物结合起来,养殖和种植通过沼气池的纽带作用紧密联系在一起,形成无污染、无废物的生态农业良性循环体系。沼肥中含有30%～40%的有机质、10%～20%的腐殖酸、丰富的氮、磷、钾和微量元素以及氨基酸等,是优质高效的有机肥,施用沼肥可以改良土壤,培肥地力,增强土地增产的后劲。用沼液喷施果树叶面和沼渣根施追肥,不仅果树长势好,果品品质、商品率和产量提高,还能增强果树的抗旱、抗冻和抗病虫害能力,降低果树生产成本。通过果园种草,达到了保墒、抗旱、增草促畜、肥地改土的作用。

2. 西北“五配套”能源生态模式解决了农村能源短缺问题,增加了农民收入

建一口 8 m^3 的旋流布料沼气池,日存栏生猪 5 头,全年产沼气 380～450 m^3;用沼气照明,全年节约照明用电 200 kW 时以上,折合人民币 100 余元;用沼气做燃料,节约煤炭 2 000 kg,折合人民币 1 000 元;用沼液喷施果树,能防治蚜虫、红蜘蛛等病虫害发生,年减少农药用量 20%,0.4 hm^2 果园用药节约人民币 200 元。利用沼肥种果,可使果品品质和商品率提高,增产 25%以上。

3. 改善农业生态环境

西北“五配套”能源生态模式促进了庭院生态系统物能良性循环和合理利用,一方面为农民提供了优质生活燃料,降低了林木植被资源消耗,提高了人力资源、土地资源发展及其他资源的利用率;另一方面有利于巩固和发展造林绿化的成果,提高林木植被覆盖率,保护植被涵养水源,改善生态环境。其三,长期施用沼肥的土壤,有机质、氮、磷、钾及微量元素含量显著提高,保水和持续供肥能力增强,能为建立稳产、高产农田奠定良好的地力基础。

4. 促进了农村精神文明建设

西北“五配套”能源生态模式使人厕、沼气池、猪圈统一规划,合理布局,人有厕,猪有圈,人畜粪便及时入池,经过沼气池密封发酵,既杀死了虫卵病菌,又得到了优质能源和肥料,减少了各种疾病的发生和传播。加之用沼气灶煮饭,干净卫生,使农村的环境卫生和厨房卫生彻底改善,减轻了妇女劳动强度,提高了农民的生活质量。

第三节 沼气的功能和效应

一、能源功能和效应

沼气具有能源功能是因为人们可以从沼气中获得生活用能，借助于沼气燃烧过程中释放的能量可以满足生活需要，如做饭，供暖、照明等。沼气是家畜粪便或作物秸秆在微生物参与下分解而产生的可燃性气体，主要成分是甲烷，从分类上讲属于二次能源，来源于生物质能，是可再生能源。随着社会的发展，农村的进步，人口的增多，沼气逐渐成为当代农村的重要能源，正在逐步替代农村原有的传统能源，如秸秆、薪柴，将是未来新农村的主体能源形式之一。沼气之所以能作为农村能源被广泛应用推广，主要原因为：第一，沼气是一种廉价的能源。一次投入花钱不多、长期使用，这一点正好符合农村用秸秆、薪柴做饭取暖不用花钱的习惯，更重要的是沼气还能节煤节电，减少了农户煤钱和电钱，这是农村接受沼气的主要原因。第二，沼气能够持续使用。加强沼气池管理，能连续产气，可以实现 1 天 3 餐，时时使用，一年四季，天天使用。第三，沼气使用方便而且快捷。沼气使用方便上优于秸秆、薪柴和煤等，只需要按下电子器，热效率高，缩短了做饭时间。第四，沼气洁净卫生、健康的生活环境，厨房改造成为家庭主妇的首选，这一点是许多农村要求用上沼气的动力之源。综上所述，沼气具有像作物秸秆和薪柴一样的传统能源特点，同时又赋予了现代农村对传统能源的不满意而要求改造，同时又能达到改造要求，沼气的推广正是抓住了这一历史的机遇，抓住了农村变化的特点与变化时机，而异军突起，成为我国农村地区广泛推广与应用的新能源，拉开了与农村传统能源挑战的新篇章。

农村户用沼气池的建池体积一般是 8～10 m^3，如果使用新型高效沼气池技术，一年可产沼气 380～450 m^3，提供的热能能够解决 3～5 人的农户 10～12 个月的生活燃料，年可节省柴草 2 000 kg 以上，节约电 200 kW 时左右，仅此两项可节 200～400 元的开支，另外还能够减少作物秸秆的燃烧对环境的污染。

二、环境卫生功能和效应

沼气能够净化农村庭院，创造卫生健康的生活环境。我国农村过去大多居住环境较差，人畜粪便在院内露天堆放，多数情况下疏于管理，成为蚊蝇滋生之地。夏季遇到暴雨，粪便随水四处横流，臭气熏天，甚至流入河道，池塘，污染地表水质，导致池塘富氧化，同时又为疾病传染提供了可乘之机，加之农户养殖业近几年的方兴未艾，一些地方的养殖大户的畜禽粪便处理成为棘手的问题。通过引入沼气系统，重新合理规划厕所、畜圈禽舍，把人畜禽粪便从地面引入地下，利用厌氧微生物发酵原理，一能获得洁净能源——沼气；二能生产出充分腐熟的有机肥料——沼渣和沼液；三能消灭、杀死人畜禽粪便中虫卵和病菌，使农村庭院结构从杂乱无序到整齐有序，从脏乱到洁净。更重要的是因沼气系统在农村的引用，刺激与加快了农村村容、村貌的变化，农村按功能统一规划，出现了畜牧养殖小区、住宅小区和农产品加工小区，街道也进行了水泥硬化处理，院内院外干净整齐，蚊子苍蝇减少，居住与生活环境大为改善，农村也有像城市一样的面貌。已经受益农民、农村对沼气带来的巨大变化十分认同，许多专家和领导肯定了沼气技术在农村的实用性。

三、生态功能和效应

沼气的生态功能首先体现在它能够替代农村传统能源——秸秆、薪柴，缓解农村能源紧缺的局面，改变农村能源结构，从而节省农户秸秆，特别是减少了对薪柴的砍伐，保护了植被，减少水土流失，促进了生态环境的恢复与改善。据推算，一个 8 m^3 的户用沼气池，一年所产沼气的能量相当于 0.2 hm^2 的薪炭林所产薪柴的能量。因此，推广农户用沼气池相当于保护乔灌植被，其生态效益十分可观，特别在生态环境脆弱的西部地区尤其如此。农村户用沼气池推广范围越广泛，推广数量越大，其生态效益越显著。在越来越重视生态环境建设的当今社会，沼气技术无疑是推动实现山川秀美的有力措施。

沼气的生态功能和效应还体现在农业生态系统中。初级生产的副产品作物秸秆在大多数农村的处理方式都是一烧了之，这样做既浪费资源，还污染环境，即使用来做饭取暖，热效率很低，而且破坏和断开了农业生态系统物质的正常循环路径，直接导致农田土壤养分无谓耗竭与降低，土壤缺乏有机质，保水性能、保矿质离子能力下降，土粒结构破坏，土地生产力下降等，在西北地区有些区域还导致土壤沙化，难以继续耕种。因此，就难以实现土地的持续生产与经营，农业的可持续发展就更难以实现。只有真正改革作物秸秆的处理方式，才能从根本上解决问题。据试验测定，作物秸秆在沼气发酵后，热能利用效率可达 60%，营养物质在沼液、沼渣中可保存 98%，施入农田的氮磷钾的利用率可达到 95%，通过沼气来利用作物秸秆，不仅可以获取沼气能源，而且保证了作物秸秆很高的养分归还率，有效地维持和培肥土壤肥力，提高了农业生态系统的生产力，加强了农业生态系统的稳定性。农作物秸秆还可以作为家畜的粗饲料，通过家畜刺激生产转化为奶、肉，既扩大了养畜，增加农民收入，又丰富了食物类型，增加了农产品的产出数量，还能加快农村产业结构调整步伐,引导农民致富奔小康。

另外,沼气的生态功能还体现在它能生产出绿色无污染食品。现代农业由于大量施用农药,导致有害物质残留于农产品中,降低了使用价值,直接危害人类健康。同时还大量施用化肥,尽管产量上去了,但品质却下来了,农产品特有的色、香、味不存在了,这样的食品消费者极不满意。沼气发酵系统生产的优质无毒、无污染的有机肥料——沼液和沼渣,可以施入农田、果园和菜地,沼液不仅可作农作物的全素营养液,而且是预防和防治农作物病虫害的"生物农药",这一点在高效设施农业中有着重要地位和巨大作用,不仅降低和减少了农民在农药和化肥上的投资成本,而且向市场提供让消费者满意放心的安全绿色食品。

四、经济功能和效益

沼气除直接的能源效益外,还可以带来直接的经济效益,它是农业生态系统的核心与纽带,刺激和带动农村的种、加、养发展,拓展农民致富的渠道,更重要的是还能发展绿色无污染农产品,其产值成倍增加。在不同的农业生态模式中,其效益表现不尽相同,只要农畜产品及其加工产品适销对路,得到市场认同,形成产业化就会产生可观的经济效益。目前,沼气与设施养殖及设施种植结合的模式,经济效益最好。例如温室栽植反季节蔬菜、矮化果树、花卉集约种植,无需购买化肥农药,不仅投资低,而且投资回收期短,在我国东南西北均适应,北方冬季大棚西瓜上市价格 20～30 元/kg,每 667 m^2 大棚收入至少 3 万元;大棚内芦荟育苗无需额外补给热能,年收入 5 万～10 万元,关键是要看准市场。大棚与畜禽圈舍配套,能促肥促长,缩短存栏期,饲养 2～3 头奶牛,年产奶 10 t,可收入 1 万元,饲养 8～10 头猪,毛收入可达 3 000～4 000 元,另外,沼渣种植食用菌,沼液养畜均能带来经济效益。依据大量资料,沼气与设施农业相结合形成的综合农业模式其全年经济效益都在 1 万元以上。

沼气除了创造经济效益外,其节支效益也比较明显,如户用新型沼气池全年可节约柴草 2 000 kg,节电 200 kW,燃料节支可达 300 元,电费节支 100 元。户用沼气池一年生产的沼肥相当于 50 kg 硫酸铵、40 kg 过磷酸钙和 15 kg 氯化钾,化肥节支 200 元。另外,沼气增收效益也较明显,如日光温室施用二氧化碳气肥,黄瓜增产 30%,芹菜增产 25%,番茄增产 20%,叶菜类增产 35%等;沼液浸种小麦增产 5%～15%,水稻增产 5%～20%;沼液叶面喷肥苹果增产 20%以上;沼液喂猪可提前 20～30 d 出栏,节约成本 40～50 元;沼液养奶牛,日产奶可增加 0.5～1.0 kg;沼气加温养蚕,产茧量增加 10%以上;沼渣种蘑菇可增产增收 20%～30%。最后是沼气的增值效益更明显,在崇尚绿色消费的今天,沼气作为清洁能源备受欢迎。沼液、沼肥和沼气均是无公害肥源，而且沼液还有独特的防治病虫害功效，为绿色农产品的生产提供了基础，其潜在价值很大。

五、社会功能和效应

发展农村沼气，建设生态家园的社会功能体现在以下4个方面。

1. 为社会提供丰富、优质的农产品

以沼气为纽带的生态农业，强化了农牧结合，既能促进农业的发展，又能加强畜牧业的发展。一方面表现为农牧业生产水平均有提高，而生产水平的提高直接使农产品的数量增加，在现今农业发展的水平下无疑具有重要意义。另一方面持续提高农畜产品的质量，利用农牧系统的内在本质关系，构成了无害于环境、无害于人类的生产系统，在不断完善农业生产技术体系的同时，不断向社会提供优质、多样化的绿色食品，这一趋势正逐渐成为主流。

2. 既能推动农业发展，又能引导农民增收

发展是硬道理，农业要是没有发展，便也没有了出路。在“政策＋科技＋投入”的合力下，我国农业的发展举世瞩目，可以说我们依靠自力更生，紧跟着世界农业发展的步伐，解决了中国人的温饱问题，同时农产品也有了相对的过剩，但大多数地区在农业生产水平提高的农产品大丰收的同时，农民的收入并没有提高，而且有相对下降的趋势，原因是多方面的，其中之一就是农业没有向市场提供更多的优质产品，而以沼气为纽带的生态农业的发展就是解决这样一个难题的重要方面，其意义重大可见一斑。

3. 解放妇女劳动力，优化农村劳动力结构

以沼气为核心的能源生态模式结束了农村妇女烟熏火燎的历史，把妇女从繁忙的家务中解放出来，既有益于妇女的身心健康，还可以为妇女教育子女，关心老人，照顾家庭成员以及学习其他劳动技能提供更多的机会，为丰富农村生活提供较多的时间，为家庭的主要劳动力也解决了后顾之虑，可以专心从事农业生产或商业经营，或学习更好的劳动技能，促进农村劳动力结构不断优化，为农村的经济发展打下了良好的基础。

4. 促进农村精神文明建设

在物质文明发展的同时，精神文明不断进步，首先是农业科技意识不断增强，对农业科技的认识与需求日益迫切，通过农业科技的实践，对“知识改变命运”的认识也日益增强。其次是环境保护意识的不断加强，对植被保护与环境之间关系的认识不断提高，在实践中培养了热爱环境的思想。三是生活习惯日益向着健康发展，通过邻村和邻居的影响，良好的卫生习惯一天天地培养起来。四是推动农

村生活向丰富多彩方向发展，吸引闲散劳动以整日无事的状态转向正道发展，有效地降低赌博、打架、偷盗等恶习的发生。

综上所述，户用新型沼气池在农村、农业、农民中能够发挥重要的作用，它可以改善农村面貌，建设社会主义新农村；可以促进农业发展，为社会提供优质、多样、绿色农副产品；它可以帮助农民脱贫致富，增加收益，同时还有助于农村精神文明建设；它还可以在促进“三农”向前发展的进程中保护和改善生态环境，因此，“三农”的发展不可缺少新型高效沼气池，新农村建设也离不开沼气技术。

【知识延伸】

1. 沼气生态农业模式中，如何体现沼气池的桥梁和纽带作用？
2. 新疆养殖型“五位一体”模式的运行原理及效益分析。
3. 生态家园建设与新农村建设及节能减排之间的关系。
4. 结合新疆的实际情况，分析生态家园其他的建设模式。
5. 上网查询生态家园建设的最新知识：www. ecogichome . com

【分析思考题】

1. 在生态家园建设的几种模式中，为什么都离不开沼气池？
2. 试述北方“四位一体”模式运行的原理。
3. 分析西北“五配套”模式的经济、生态及社会效益。
4. 为什么说户用沼气池是新农村建设的切入点？
5. 生态家园建设所依据的生态学原理有哪些？它与生态农业建设的区别与联系是什么？

【知识问答】

1. 新疆的生态家园建设需要结合哪些技术因素？

答：生态家园建设是一项综合性的工程，需要考虑的因素很多，结合新疆农村的实际情况，应主要考虑如下建设因素：①当地的农业产业结构，种植业的类型及养殖业的类型；②当地生产力及科学技术的发展水平；③沼气技术（户用沼气及沼气工程）的推广应用情况。

2. 如何充分发挥沼气池在生态家园建设中的核心纽带作用？

答：户用沼气池在生态家园建设中起着核心和纽带作用，几乎所有的生态家园建设模式中都离不开户用沼气技术，只有沼气技术才能实现物质的充分利用和能量的多级循环利用。因此，在设计生态家园建设模式时，都应当将沼气技术设计进去。

第二部分

沼气生产与利用技术实训

◈ 第三单元　农村户用沼气技术实训
◈ 第四单元　小型沼气工程技术实训
◈ 第五单元　大中型沼气工程技术实训
◈ 第六单元　生活污水净化沼气池实训
◈ 第七单元　沼气发酵产物的综合利用实训

第三单元　农村户用沼气技术实训

【岗位工作能力要求】

从事农村户用沼气技术工作岗位，要求学生进行生产性顶岗实习训练后具备以下职业能力：

(1)农村工作经历和工作经验，能与农户进行有效沟通，加强沼气知识宣传。

(2)适应农村沼气建设的艰苦环境，不怕苦、不怕累，熟知劳动生产安全规定；以企业准员工或单位技术员的身份参与团队工作，能有效交往沟通。

(3)熟知沼气发酵的基本知识，能发现沼气生产过程中的实际问题，并提出解决问题的有效措施。

(4)掌握沼气池施工建池的关键技术，学会验收户用沼气池。

(5)能够科学指导户用沼气池的投料启动与日常运行管理。

【教学目标与要求】

农村户用沼气建设，是改善农村生态环境、提高农民收入、建设生态家园的重要举措，是社会主义新农村建设的切入点。只有在掌握了户用沼气技术以后，才能更好地开展农村沼气"一池三改"建设，更好地运行管理"四位一体"、"五位一体"沼气生态模式。作为沼气技术管理人员在农村户用沼气建设、验收、启动与运行管理等技术岗位工作中，掌握并具备以下知识能力：

(1)学会农村沼气"一池三改"的总体规划与布局。

(2)掌握户用沼气池的建造技术、质量检查与验收。

(3)学习掌握沼气池的投料启动与运行管理技术。

(4)了解沼液、沼渣的综合利用技术。

(5)学会户用沼气池的故障诊断与排除方法。

(6)能够总结生产经验，撰写户用沼气生产与利用技术总结。

第一节　岗位技术概述

农村户用沼气建设技术，包括合理规划与布局，放线与挖坑，施工建池，投料启动与运行使用，日常管理与故障诊断排除等多项能力。

一、合理规划与布局

农村户用沼气池的建设要与厕所改造、畜禽圈舍改造和厨房改造紧密结合起来，即“一池三改”配套建设，以发挥沼气池的综合功能，实现清洁能源利用与农村环境卫生改善的双重效益。

沼气池一般要建在背风向阳处，远离公路、铁路和水渠（至少 50 m 以上），不宜建在大树下或小树旁边，距离厨房的距离应控制在 25 m 以内。

“三结合”型沼气池一定要建在圈舍下面，先建沼气池后建圈舍，沼气池与卫生户厕相连通，以循环利用沼液冲走粪便进入沼气池，保持厕所内卫生。

发展农村户用沼气，要和改造厨房、厕所及圈舍结合起来。通过“一池三改”配套技术，使建池农户拥有清洁的厨房、干净的浴室、卫生的厕所、无蚊蝇的圈舍、高效率的沼气池和排污系统，使庭院干净卫生，优美高雅。

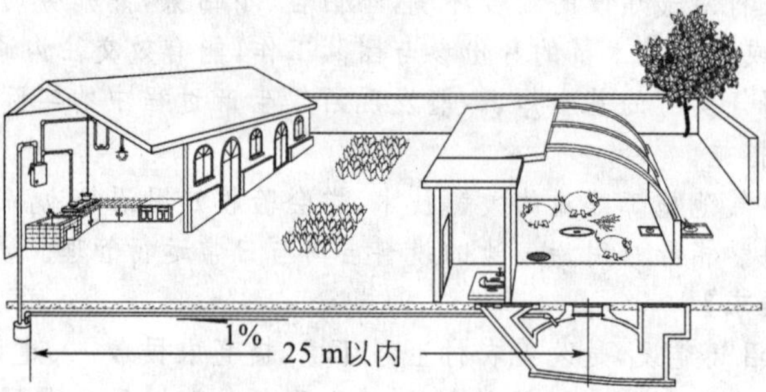

图 3-1　农村沼气池“一池三改”布局图

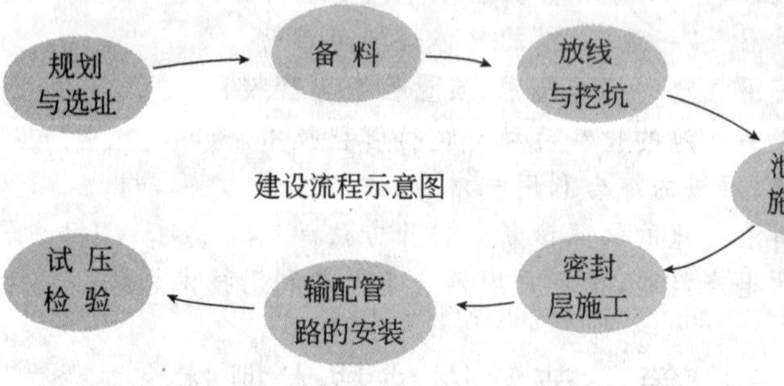

图 3-2　沼气池建设流程图

二、沼气池的放线与池坑开挖

根据庭院沼气系统设计图，在选定的池坑区域地面上，画出畜禽圈和厕所的位置外框灰线。在畜禽圈外框灰线内，确定沼气池、进料口、水压间位置。

1. 放线

在选定的池坑区域内，先平整好场地，确定主池中心位置和标高基准，定标高基准桩，在其上确定基准点。

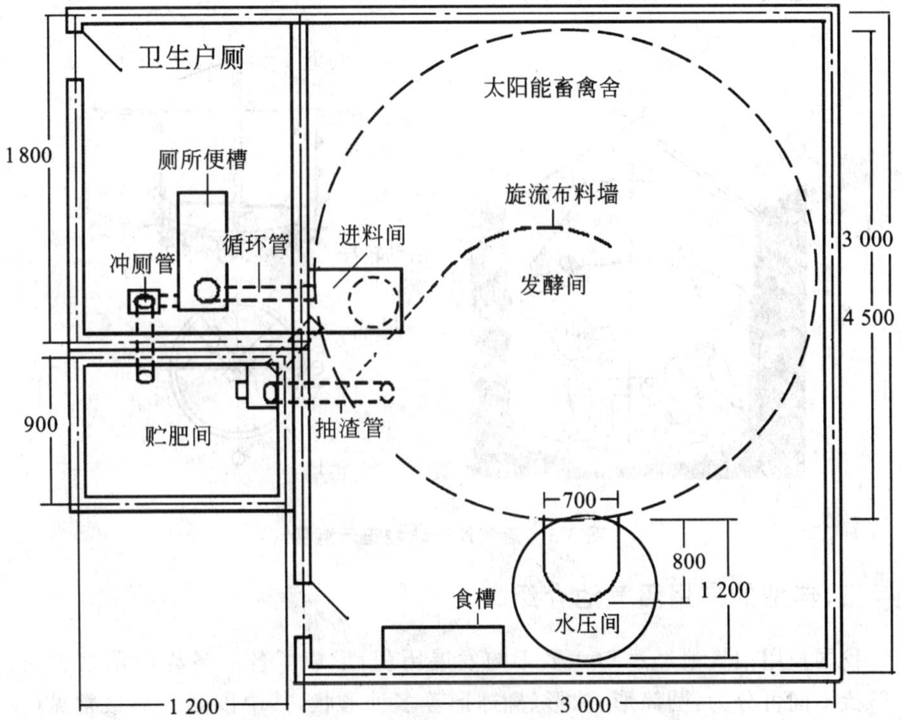

图 3-3　“三结合”沼气系统平面图

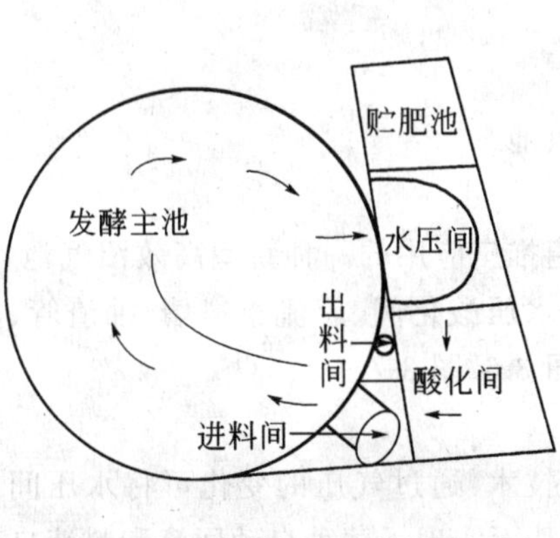

图 3-4　旋流布料沼气池放线平面图

2. 土方开挖与校正

按画好的外框灰线用铁锹挖坑，切忌用挖掘机，否则所挖出的池坑不好校正。在开挖时，在圆心的上下左右各 3 m 处分别打下 4 个定位桩。边挖坑边校正，以保证沼气池坑上下一致的内径尺寸。

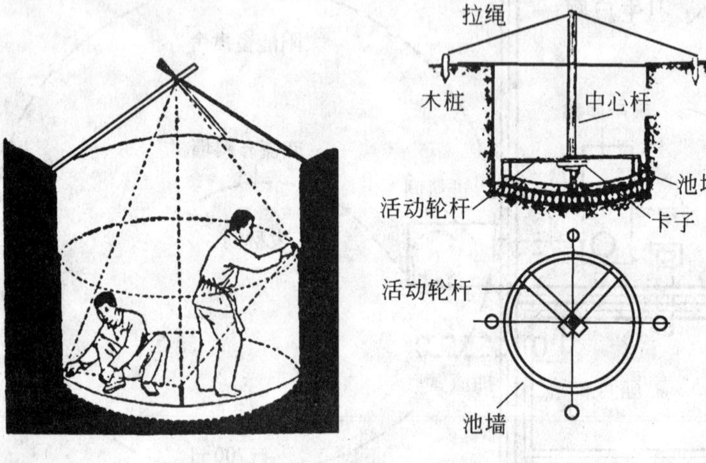

图 3-5　沼气池池坑校正示意图

三、典型的户用沼气池介绍

我国户用沼气池经过 100 多年的发展历程，形成了各式各样的沼气池，按几何形状不同可分为：圆筒形、球形、椭球形等多种形状，其中以圆筒形最常见（受力均匀、省材料）；按建池材料不同分为：砖混结构、混凝土结构、钢筋混凝土结构、玻璃钢结构、半玻半混结构、工程塑料（ABS）结构等。下面介绍目前我国农村常用的 4 种沼气池池型。

（一）旋流布料沼气池

1. 结构

这是西北地区普遍推广应用的一种新型高效沼气池，它由进料口、进料管、发酵间、贮气室、活动盖、水压酸化间、旋流布料墙、抽渣管、活塞、导气管、出料通道等几部分组成。详见图 3-6、图 3-7。

2. 功能与原理

（1）菌种自动回流技术：通过气压的变化可将水压间的液体经单向阀从进料间又重新回到发酵间，从而实现了菌种自动回流和料液自动循环。

图 3-6　旋流布料沼气池模型

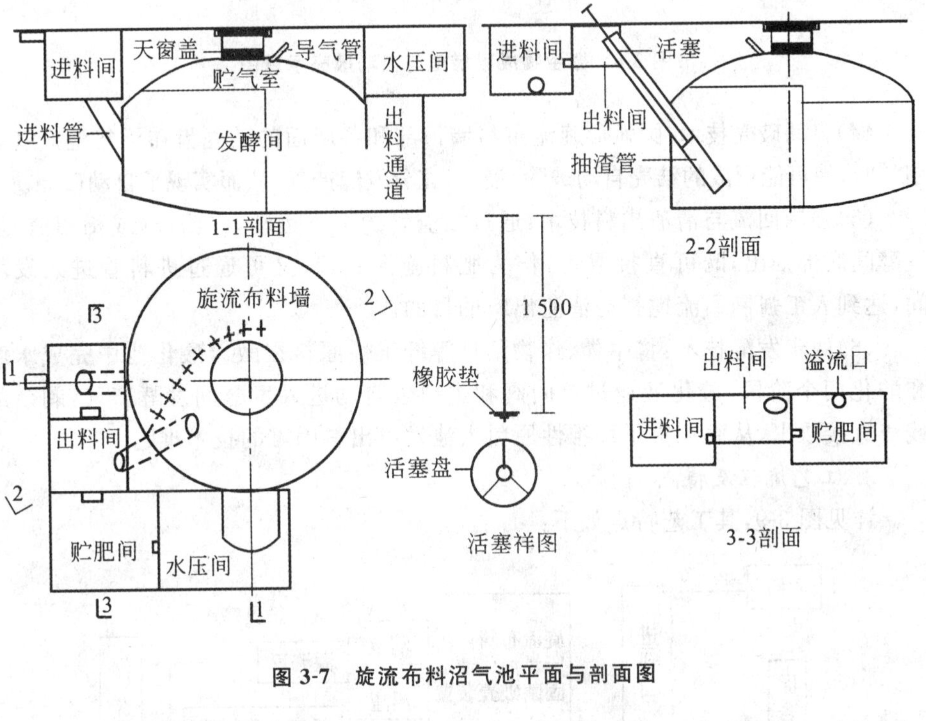

图 3-7　旋流布料沼气池平面与剖面图

(2)消短除盲技术:在螺旋面池底上用圆弧形旋流布料墙将进料与出料隔断,使入池原料必须沿圆周旋转一圈后,才能从出料通道排出,从而增加了料液在池内的流程和滞留时间。解决了常规水压式沼气池存在的微生物贫乏区、发酵盲区和料液短路等技术问题。

(3)微生物富集增殖技术:空隙率较高的旋流布料墙表面形成微生物附着、生长、繁殖的载体,通过微生物的富集增殖,在其表面形成厌氧生物膜,从而固定和保留了高活性的微生物,减少了沼气微生物的流失。如图 3-8 所示。

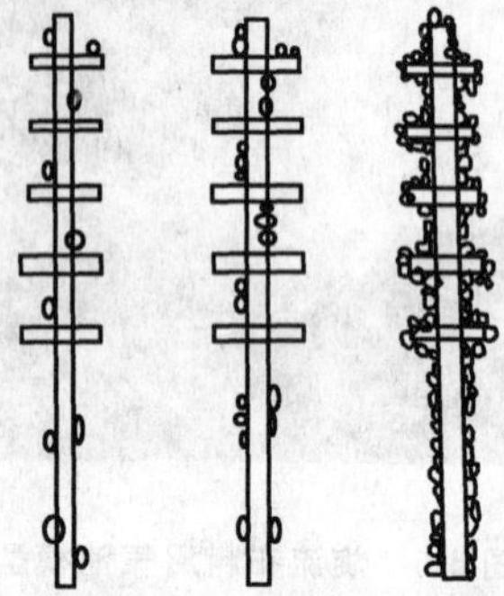

图 3-8　微生物成膜增殖与自动破壳示意图

(4)自动破壳技术:圆弧形旋流布料墙顶部和各层面的破壳齿在沼气池产气和用气时,使可能形成的结壳自动破除、浸润,充分发酵产气,从而实现了自动破壳。

(5)强制回流与清渣出料技术:通过抽渣管的上下运动,将沼液(或稀沼渣)从发酵间底部抽出,既可直接取走,作为肥料施入农田,又可通过进料管进入发酵间,达到人工强制回流搅拌与清渣出料的目的。

(6)两步发酵技术:将牛粪、作物秸秆等纤维性原料在敞口酸化池中完成水解和酸化两个阶段,酸化液通过单向阀和进料管自动进入发酵间发酵产气,剩余的残渣直接取出,从而解决了纤维性原料入池发酵出料困难的技术难题。

3. 工艺流程及特点

详见图 3-9,其工艺特点如下:

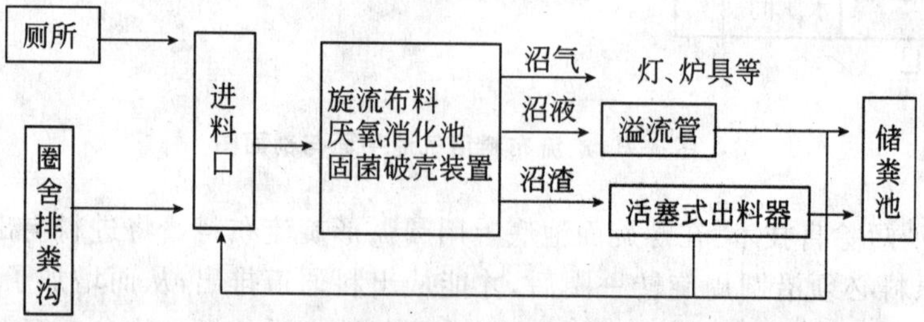

图 3-9　旋流布料沼气池工艺流程

(1)通过螺旋形池底和圆弧形布料墙的优化配合，消除了料液短路、发酵盲区和微生物贫乏区，延长了原料在发酵间的滞留时间。

(2)通过圆弧形布料墙表面的微生物附着膜技术，固定和富集高活性厌氧微生物，减少了微生物随出料的流失。

(3)应用厌氧消化的产气动力和料液自动循环技术，实现了自动搅拌、循环、破壳等动态发酵过程。

(4)通过出料搅拌器和料液回流系统，达到人工强制回流搅拌和清渣出料的目的，从而实现轻松管理和永续利用的目标。

(二)曲流布料沼气池

1. 结构特点

这是云南省普遍使用的一种池型，它有A、B、C 3种系列池型，以C型结构常见。由原料前处理池、进料口、进料管、布料板、塞流板、多功能活动盖、破壳输气吊笼、出料口、出料管、水压间、强回流装置、导气管、溢流口等部分组成。如图3-10、图3-11、图3-12所示。

2. 工艺特点

采用连续发酵工艺，维持比较稳定的发酵条件，使沼气微生物区系稳定，保持适宜的原料消化速度，提高原料利用率和沼气池负荷能力，达到较高的产气率，本身能耗少，简单方便、容易操作。

3. 工艺流程

选取(培育)菌种——→备料、进料——→池内堆沤(调整pH和浓度)——→密封(启动运转)——→日常管理(进出料、回流搅拌)。

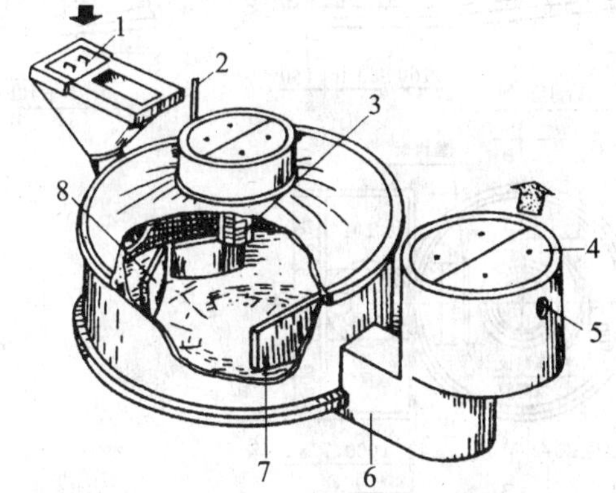

1.进料口；2.导气管；3.破壳输气吊笼；4.水压间；
5.溢流口；6.出料管；7.塞流板；8.布料板

图3-10　曲流布料沼气池示意图

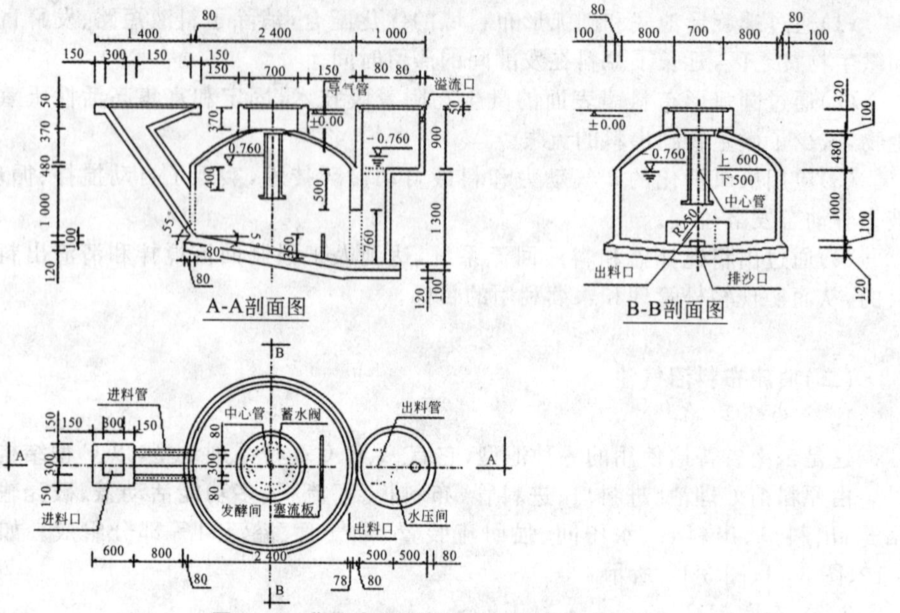

图 3-11 曲流布料沼气池 B 型池结构示意图

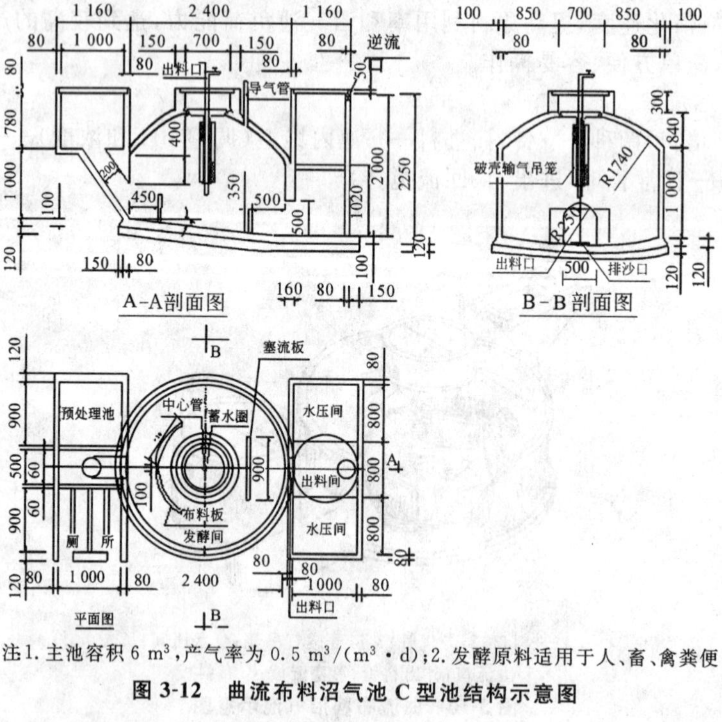

注1. 主池容积 6 m³，产气率为 0.5 m³/(m³·d)；2. 发酵原料适用于人、畜、禽粪便

图 3-12 曲流布料沼气池 C 型池结构示意图

(三)强回流沼气池

1. 结构与功能

这是南方"猪—沼—果"生态模式配套采用的一种池型,它由水压酸化池(草池)、发酵主池(粪池)、贮气箱、进料管、出料管、活动盖、回流冲刷管、限压回流管、贮水圈、导气管、出肥间、回流搅拌器组成。如图 3-13 所示。

(1)水压酸化池:为顶置式半环形或方形设置,体积为 2～2.5 m^3。是草料发酵间、酸化液和发酵液通过限压回流管循环回流,使池体兼好氧、厌氧发酵工艺于一体。同时,也用于贮水压气,维持沼气气压,与回流冲刷管连通,抽出其中的清沼液冲洗厕所。

(2)发酵主池:主体部件,可分为发酵和贮气两部分。装料液面以上的空间部分为贮气箱,其作用是储存沼气,装料液面以下为发酵池,其容积可根据用户的养殖量及用气量等情况,分别选用 6、8、10 m^3 池容。

(3)进料管、出料管:采取直管斜插方式,进料、出料管分别呈 60°、75°角安装在对称位置上,出料管与出肥间连通,进料口与猪舍、厕所的人畜粪便沟连通,做到发酵料液自流入池,可采用混凝土预制管或 PVC 管。

(4)活动盖:设置在池顶,起着封闭活动盖口的作用,也是修池、清渣时的通道,操作时可通风采光和排除残存的有害气体。

(5)回流冲刷管:安装在靠近厕所的水压酸化池处,一端安装单向阀门,紧靠水压酸化池底部,另一端与厕所的粪槽或大便器连通,以抽取水压酸化池清液冲洗厕所,改旱厕为水厕。

(6)回流搅拌器:用直径为 10～12 mm 的钢筋和胶皮制成的活塞,其作用是在出料管与回流冲刷管内抽取沼液和沼渣,达到出料搅拌、回流冲刷的目的。

2. 工艺流程

工艺流程如图 3-13 所示。

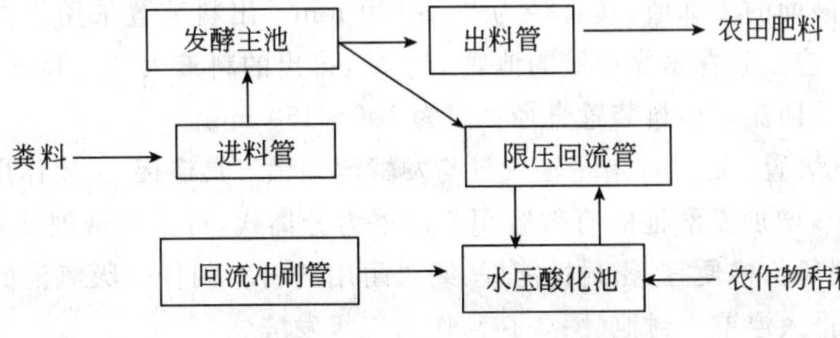

图 3-13　强回流沼气池工艺流程

(四)分离贮气浮罩沼气池

1. 构造

这是湖南省普遍推行的一种池型，由进料口、进料管、厌氧池、溢流管、出料搅拌器、污泥回流沟、排渣沟、储粪池、浮罩、水封池等部分组成，如图 3-14 所示。

(1)厌氧发酵池:分两种类型，一种是在池内放入生物填料，另一种是不放填料，其他结构与水压式沼气池基本相同，厌氧池底成锅铲形(竖向剖面)，坡向出料装置。为了支撑生物填料，沿池壁设 2～4 层支墩，每层均布 4 个，层间距离应高出所夹生物填料厚度 50～150 mm，底层支墩距池底应大于 300 mm。生物填料可用竹枝(去叶或称竹尾)、竹球等。填料应上部密、下部稀，共设 2～3 层，每层厚度为 150～300 mm。

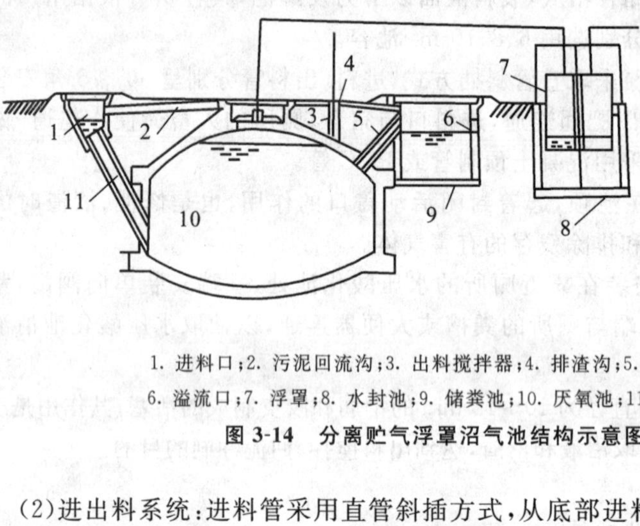

1. 进料口;2. 污泥回流沟;3. 出料搅拌器;4. 排渣沟;5. 溢流管;
6. 溢流口;7. 浮罩;8. 水封池;9. 储粪池;10. 厌氧池;11. 进料管

图 3-14 分离贮气浮罩沼气池结构示意图

(2)进出料系统:进料管采用直管斜插方式，从底部进料，管径 200～300 mm。溢流管安装在厌氧池的顶部，采用直管斜插，插入发酵液内的深度必须大于池内最大气压时液面的下降值，其管径为 80～150 mm。出料装置采用提搅式出料器或底部闸阀，应安装在紧靠池壁的池底最低处，排出的料液大部分排入储粪池，少部分用作污泥回流。出料装置直径一般为 100～150 mm。

(3)贮气装置:贮气浮罩用输气管与发酵池和燃气具连接，主要作用是储存沼气、稳定气压，增加发酵池的有效容积。浮罩为分离式，可采用水泥沙浆、GRC 材料、红泥塑料等价格便宜、密封性能好、经久耐用的材料制作。厌氧池的沼液也可通过溢流管排入浮罩水封池(图 3-16)，作为二级发酵。

(4)污泥回流和储粪池:污泥回流沟设置在发酵池顶部，与进料口和出料搅拌器连接，作用是抽出污泥回流到进料口进入池内进行搅拌。排渣沟设置在发酵池顶部，与出料搅拌器和储粪池连接。储粪池的容积一般在 1 m^3 左右，其作用是储存每天从溢流管排出的料液和从发酵池底部抽出的渣液，结构形式可根据场地大小而定，圆形、方形均可。

2. 工艺流程

该池型改变了常规沼气池发酵主池与贮气室结合在一起的做法，将二者分离开充分增加发酵间的有效容积，使池内尽量保留较多的活性微生物。其工艺流程详见图 3-17。

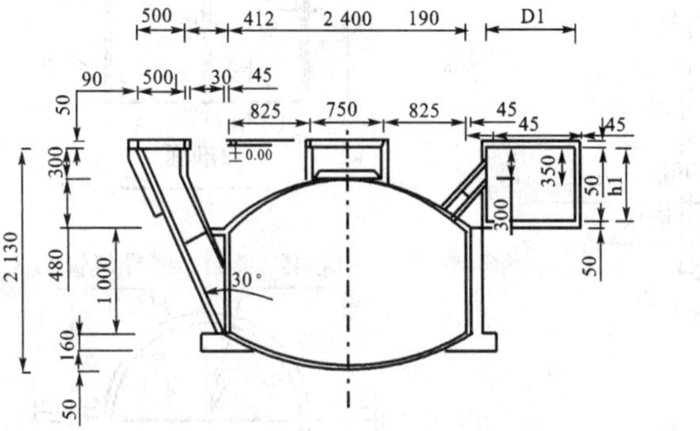

1-1剖面图

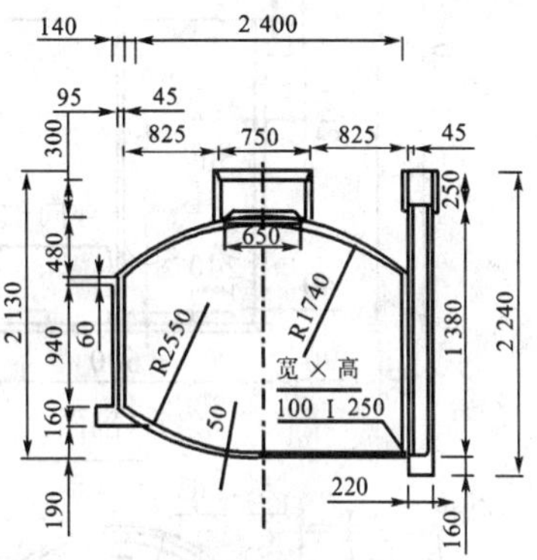

2-2剖面图

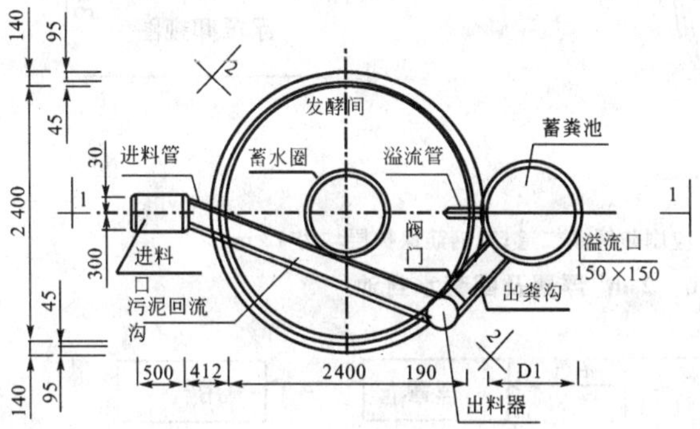

图 3-15　6 m^3 沼气池平面与剖面图

3. 工艺特点

(1)采用厌氧接触发酵工艺，产气率高，平均达 0.15～0.3 $m^3/(m^3 \cdot d)$。

(2)采用溢流管溢流上清液，出料搅拌器抽排沉渣，出料方便不需每年大出料，运行及产气效果好。

(3)采用菌种回流技术,保证了发酵池内较高的菌种含量。

(4)采用浮罩贮气,贮气量大且气压稳定,发酵池容积高达总池容的95%～98%,池内压力小,发酵池寿命长。

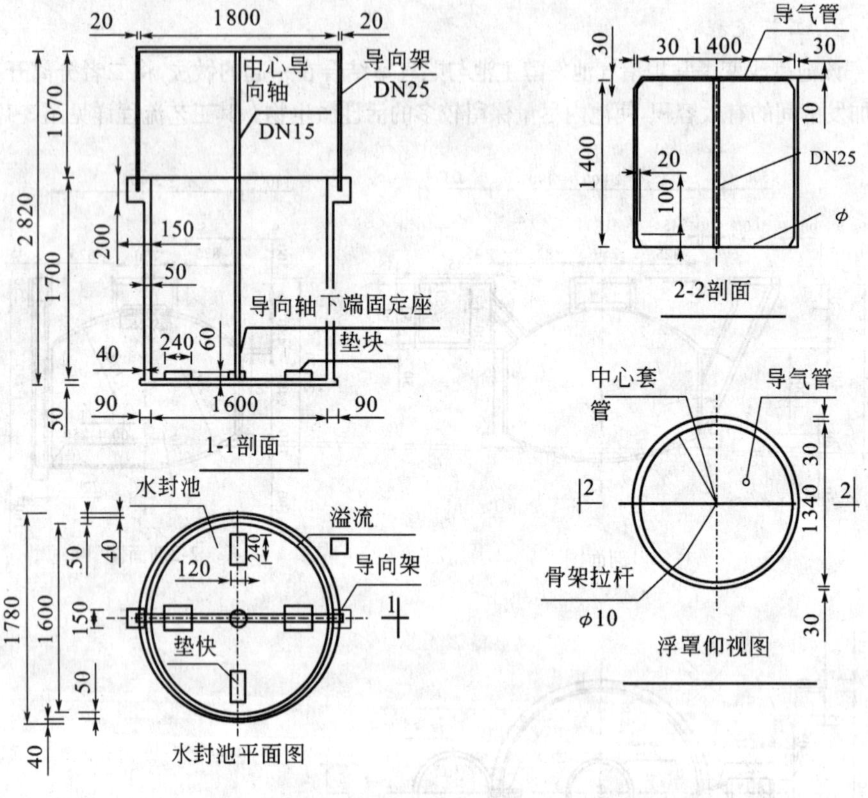

注:1.图中金属构件应刷防锈漆二道;2.钢筋保护层均为12 mm

图3-16 2 m³ 浮罩及配套水封池

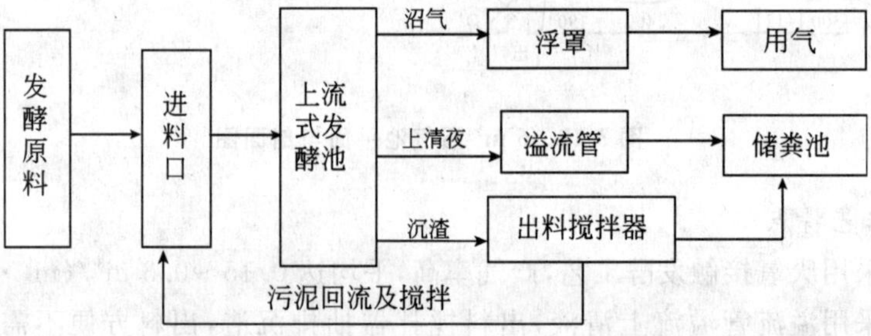

图3-17 分离浮罩沼气池发酵工艺流程

(五)商品化沼气池简介

近几年来,为了减少施工建池的麻烦,加快沼气池的建设速度,工厂化生产了以下几种商品化沼气池：

(1)玻璃钢沼气池:采用玻璃纤维布和聚酯不饱和树脂等材料,按模具生产制造,一般为球形或扁球形,分割成上、下两个半球体,安装时将二者中间加堑圈用螺丝钉固定即可,最好再用树脂涂抹一圈,以确保密封性。

(2)工程塑料(ABS)沼气池：采用较高强度的工程塑料制成品,其形状与安装方法基本同玻璃钢沼气池。

(3)软体沼气池:采用具有弹性及柔性的橡胶材料制作而成。其形状有圆柱形、球形等,一般安放在地面上,方便移动搬运。

第二节　户用沼气技术实训

一、基本知识

目前,我区农村普遍推广使用的旋流布料沼气池为 8 m^3、10 m^3,但也有部分地区或养殖量较大的农户,需要建设 15 m^3 甚至 20 m^3 的沼气池,以满足生活用能和生产用肥的需要。具体建多大的沼气池,要根据家庭人口、养殖量、农业用肥量等因素综合分析决定,它们之间有一定的匹配关系,详见表 3-1。

表 3-1　沼气池容积与畜禽饲养量的关系

项　目	成鸡	成羊	成牛
日排粪量(鲜重)(kg/只或头)	0.1	2	20
粪便总固体(TS)(%)	30.0	31.4	17.0
粪便产气率(TS)(m^3/kg)	0.31	0.43	0.21
8 m^3 沼气池应饲养量(只或头)	222	10	3
10 m^3 沼气池应饲养量(只或头)	278	12	4
15 m^3 沼气池应饲养量(只或头)	418	20	6

沼气池的形状有长方形、椭圆形、圆柱形和球形等多种形状,但从力学角度及建池材料诸方面考虑,圆柱形和球形沼气池的受力最均匀、建池材料较为节约。目前农村户用沼气池多为圆柱形(茶壶或蒙古包形),其几何尺寸及大小详见表 3-2。

表 3-2 沼气池主要几何尺寸

容积 (m^3)	内直径 (m)	池墙高度 (m)	池顶矢高 (m)	池顶曲率半径 (m)
8	2.70	1.00	0.54	1.96
10	3.00	1.00	0.60	2.18
15	3.75	1.00	0.75	2.73
20	4.5	1.00	0.90	3.28

目前，新疆大多数沼气项目县主要采用钢模混凝土整体现浇建池，兵团部分项目团场则采用预制块砌体工程以便工厂化施工建池。但是在一些条件不具备的地区，也可以采用传统的砖模混凝土浇筑建池，这里主要讲授砖混结构施工的程序及标准，钢模混凝土现浇施工则需购置钢模具一套，不需要红砖做外模，其他建筑材料和施工程序基本上同砖混结构(从略)。

(一)几何尺寸

现以 10 m^3 旋流布料沼气池为例，主池为圆筒形，配有进料口(管)、出料口(水压间)、酸化间、旋流布料墙、导气管、出渣管等，整体如茶壶状或蒙古包状。主池内直径为 3.0 m，池墙高 1 m，池顶矢高 0.6 m，池顶曲率半径 2.18 m，池底坡度(进料处高、水压间低)为 5% ，水压间长 1.2 m，宽 0.77 m 左右。酸化间长为 1.2 m，宽为 1.14 m，厚度均为 0.12 m。

(二)备料

若采用砖模具施工法，则备料如下：红砖 1 500 块左右；425# 水泥 1.5 t 左右；沙 3.0 m^3(粗沙、细沙各 1.5 m^3)；卵石(直径 1～3 cm)或破口石 2.0 m^3；直径 12 mm、长 30 cm 的钢导气管 1 根；直径 250 mm、长 100 cm 的水泥管或陶瓷管 1 根；出渣管选用直径为 110 mm，长度为 2 m 的厚壁 PVC 管一根。混凝土全部采用 C20，水灰比不得大于 0.65，砌筑沙浆采用 M7.5，中沙可用 1∶5.5，细沙可用 1∶5。若采用钢模具施工，则不需要红砖，但需购置钢模具一套，其他材料基本上同砖模具施工的备料。

(三)沼气发酵原料

1. 发酵原料的种类和性质

人畜禽粪、作物秸秆、杂草菜叶、有机污水等都可以作为沼气发酵原料。各种发酵原料的产气量有所不同(表 3-3)。在 35 ℃条件下常用原料每千克干物质的产气量为 0.3～0.5 m^3,但在 20 ℃条件下每千克干物质的产气量为表 3-3 的 60%。年产 300 m^3 沼气需要干物质 1 200 kg。

表 3-3 不同原料的产气量比较

原料种类	麦秸	稻草	玉米秸	青草	牛粪	马粪	猪粪	人粪	鸡粪
产气量(m^3/kg)	0.45	0.40	0.50	0.44	0.30	0.34	0.42	0.43	0.49

备注:试验条件:发酵温度为 35 ℃,发酵时间:粪便为 60 d、秸秆为 90 d。

2. 发酵原料的预处理

粪便原料不必进行预处理。作物秸秆必须铡短到 6 cm 以下或粉碎。在接种物用量小于 20%,鲜粪用量与风干秸秆的重量比小于 1∶1 时。启动时所用的秸秆原料应进行堆沤处理。方法有:

(1)池外堆沤:将原料加水拌匀。加水量以料堆下部不出水为宜,料堆上加盖塑料膜。气温在 15 ℃左右时堆沤 4～5 d,气温在 20 ℃以上时堆沤 2～3 d。

(2)池内堆沤:将原料及接种物拌匀后。投入沼气池内进行堆沤,堆沤时间参照池外堆沤。

3. 原料配比

沼气发酵启动时的适宜 C∶N 比值为(20～30)∶1。当以秸秆原料为主进行沼气发酵启动时,根据接种物用量的多少要加粪便来调节碳氮比。接种物用量在 30%或 30%以上时,可以不加粪便;接种物用量在 20%时,鲜粪与风干秸秆的比例应为 1∶1;接种物用量在 10%时,鲜粪与秸秆的比例应为 2∶1。以羊、牛粪为原料启动时加 20%的接种物;以鸡、人粪作发酵原料启动时加 30%的接种物(最好不要用鸡粪或人粪启动)。

粪便不足时可在沼气池内加入料液总量 0.10%～0.30%的碳酸氢铵或 0.03%～0.10%的尿素。

(四)接种物

沼气发酵启动时所使用的含有大量沼气发酵微生物的各种厌氧活性污泥称接种物。在沼气发酵启动时,料液中要添加 10%～30%的接种物。

老沼气池中的悬浮污泥、各种有机废水沉淀污泥、河流湖泊底层的沉渣、坑塘污泥和积水粪坑的粪肥等,都可用来做接种物。所用接种物的挥发性固体含量不低于 3%。

不同来源的接种物，对沼气发酵的影响各不一致。为了比较接种物质量的好坏，可通过实验加以选择。方法是将等量的不同接种物接入发酵原料和环境条件完全相同的发酵瓶内，其用量为5%～10%，在35 ℃条件下发酵15～20 d，比较其产气多少，择优选择。

接种物需要量较大时，可采用扩大培养的方法加以增殖。其方法是将选取的接种物按10%～30%的比例加入发酵原料中。经过厌氧培养，到日产气量基本稳定，并且所产生气体甲烷含量在50%～60%时即告完成。接种物经一次扩大培养仍不够用时，可按此法进行多次扩大培养。

二、职业岗位能力训练

(一)沼气池的施工建池

【职业岗位工作任务】

在确定好池容大小、选择好沼气池的建设地点并准备好建池材料后，便开始放线、挖坑，池坑校正；沼气池的施工建池；洒水养护；最后进行质量验收(试漏、试压)。

【工作程序及操作技术和质量要求】

工作程序	技术操作及质量要求
放样 ↓	在选定的池坑区域内先平整好场地，确定主池中心位置，根据设计图纸在地面上画进料口、发酵池、水压间平面的外框曲线，同时在尺寸线外1.8 m左右处打下4根定位木桩，分别钉上钉子以便牵线，两线的交点便是发酵池的中心点。在灰线外打入标高基准桩，确定基准点。
池坑开挖 ↓	根据设计要求，选择地下水位低、土质好、远离道路、避开树林的位置建池。 池坑内壁要平整，尺寸准确无误，与图纸一致。可采用活动轮杆法对池坑进行校正，做到上下内径一致。
池底施工 ↓	垫层处理，先夯实土基，用卵石铺一层池底，以1∶4沙浆灌缝，厚度5～10 cm；再用1∶3∶3的混凝土浇筑，厚度6 cm以上。

池墙施工 ↓	采用“活动轮杆法”，用混凝土整体现浇建池。以坑壁为外模，内模用砖砌，砖块须保持面干内湿，砌砖保持横平竖直。块与块之间要求内口顶紧，外口嵌牢，竖缝错开。混凝土配比为水泥：沙：碎石＝1：3：3，采用螺旋上升式的方式，要做到边砌、边浇筑、边振捣，由下而上一气浇筑完成。强度达到70%以后，也就是2～3 h后拆除砖模。
砌筑出料口通道、安装好进料管 ↓	浇筑池墙前先用砖和1：2.5沙灰砌筑出料口通道，通道尽宽65 cm，高70 cm，顶部起拱，拱顶距主池上拱角大于30 cm。紧贴池壁垂直安装好进料管，管口距池底70 cm，用1：1水泥＋细沙抹好管与墙间的夹角。
池拱盖施工 ↓	采用“单砖漂拱法”施工，采用无模卷拱法砖砌筑，顶部安装好导气管。无模卷拱法砖砌筑池拱盖时，可在池坑外沿打桩，桩上拴长绳，一头拴上砖掉入池内，可固定拱盖漂砖，或用一个标杆控制弧度。用1：2的细灰砌筑完成；池拱盖外壁用1：3的粗沙灰压实抹光，厚度2 cm，之后在顶部用铁丝网和沙灰加固3 cm厚。最好保留一个活动盖（天窗口），口径不低于55 cm但也不要超过70 cm。
旋流布料墙的施工 ↓	待池墙浇筑完后，先在进料管底部的前方确定一个点作为旋流布料墙的起点，顺时针找到1/4圆弧的点（设为A点），经过A点向圆心画一条半径为1.5 m的直线，线的终点即为旋流布料墙的终点（设为B点），从A点向B点画出一条45°的圆弧线，曲率半径为1.5 m，即为旋流墙的位置，沿此圆弧线施工砌筑旋流布料墙，旋流布料墙用砖在密封好的发酵间内砌筑而成。距池底部50 cm处用12 cm砖砌筑，池顶部用6 cm的砖十字交叉砌筑而成，要严格按照设计图施工，充分利用池底螺旋曲面的作用。
沼气池内部密封	方法Ⅰ：沼气池专用密封剂密封法 具体方法是在基层刷浆、底层抹灰、素灰浆、沙灰浆的基础上，把专用密封剂（高分子成膜物）一袋（1 kg）放在水中加温（煮），软化后倒出，用5～6倍沸水稀释，分2份备用。取4～6 kg水泥，与一份稀释液混合，再加水适量配成剂浆（灰水比例为1：0.6左右）把全池刷一遍，再用间刷法刷4～6遍。此法可节省水

泥 50～100 kg，省工省时，节约成本，而且密封性能好又耐腐蚀。

方法Ⅱ：采用常规的 7 层做法和 3 层做法

贮气箱采用 7 层做法：

(1)基层刷浆：采用 $425^{\#}$ 水泥，灰水比为 0.3∶1，在池子内贮气箱部位刷一遍水泥浆，干燥处要多刷一遍。

(2)底层抹灰：抹 1∶2.5 的水泥沙浆，厚度 0.8～1 cm，边抹边找平，使池体严密无蜂窝和麻面。

(3)素灰浆：底层抹灰后立即抹一层素灰，厚度不超过 0.1 cm。

(4)沙灰浆：素灰层施工结束后，抹一层 1∶2 水泥沙浆，厚度 0.4 cm，要抹平压实。

(5)抹素灰浆：沙灰层抹完后再抹一层纯水泥浆，厚度不超过 0.1 cm。

(6)沙灰层：素灰层抹完后，抹 1∶1 的水泥细沙灰，厚度为 0.3～0.4 cm，要求沙子要筛细，除掉大沙粒部分。以上 6 层施工必须在 12 h 内完成。

(7)刷素灰浆：面层抹灰结束后，每隔 4～8 h 刷纯水泥浆 1 遍，共刷 3 遍，具体要求：第 1 遍横刷，第 2 遍竖刷，第 3 遍横刷。

发酵间、出料间、出料口通道、酸化间等部位采用 3 层做法：

(1)底层抹灰：用 1∶2.5 水泥抹底层，厚度为 0.5 cm，此层抹灰与贮气箱底层抹灰同步进行。

(2)面层抹灰：用 1∶1 水泥细沙灰抹，厚度为 0.4 cm，要与气箱面层抹灰同步进行，要反复抹平，压光不能出现沙眼。

(3)面层刷灰浆 2～3 遍：具体刷法可与气箱刷灰浆同步进行。

密封层施工要连续操作，不得间断，抹灰刷浆每道工序都要做到“薄、匀、全”，多次反复压抹，达到坚实。尤其是进料口、出料口通道一定要认真仔细抹好，此处是容易漏水、漏气的地方。

抽渣管、单向阀、酸化间的施工	将抽渣管从池墙斜插入沼气池底部，注意 PVC 管与池墙接合处的密封，最好加上垫圈，以免漏气。在酸化间和进料口之间安装一个单向阀，只能使料液从酸化间进入进料间而不能倒流，并在酸化间的单向阀处镶嵌一个孔径为 30 mm 的铁丝网，以防止较大的粪便及秸秆直接进入进料口而造成出料困难。
↓	
养护	用混凝土浇筑的要在平均气温大于 5 ℃条件下自然养护，外露混凝土应加盖草帘并定期浇水养护，养护时间 7～10 d。
↓	
试压检验	沼气池建成养护后，要安装好导气管、开关、水压表等。然后向池内灌水，使水位达到进出料口上端 20 cm 处，观察 24 h，若水位降低在 2 cm 之内，说明不漏水，否则，漏水。然后抽掉 1/3 的水，接好管子，再向池内加水，直到气压表上升 800 mm(或 8 kPa)为止，观察 24 h，下降不超过 3%即 2.4 cm(或 0.24 kPa)，为合格，否则为漏气，应该重新粉刷。

【常见技术问题处理】

1. 沼气池的池坑如何校正？

首先利用挖坑前钉的 4 个定位桩，两桩相连便得到两条直线，两线的交点就是沼气池的圆心，从交点处垂直下落一个小石头或砖块于沼气池池底，将一长度为 2 m 的钢管或钢筋从圆心垂直竖起，再找一根线绳，量好沼气池的半径尺寸，一端固定在钢管上，用手拉动另一端旋转，哪处土多了就用铁锹挖掉。如此反复操作直到全部归圆上下都一样。

2. 户用沼气池施工时如遇到地下水位较高，如何处理？

可采用排水的办法处理，先在池底中间挖一个“十”字形盲沟，等待水积满后用盆将水从沟中取走，如此反复操作直至将水抽完，最后在盲沟上盖一层塑料布，将混凝土现浇其上，再做池底的施工。

3. 检验沼气池的漏气性时，能否用高压气泵向气箱中打气？

一般在试水合格后才进行漏气性检验，保留池容 80%的水分，将压力表连接好，往沼气池气箱中打气进行漏气性试验，通常要打到 6 kPa 左右的压力，如果用高压气筒来打气，由于其进气量较少，很难在较短的时间内打到上述压力。所以一般不用高压打气筒而采用高压气泵向气箱中打气。

【知识拓展】

1. 常规水压式沼气池的施工建设技术。

2. 旋流布料沼气池钢模具建池施工技术。

3. 玻璃钢沼气池安装使用技术。

4. 工程塑料沼气池(ABS)的安装使用技术。

5. 上网浏览查阅沼气池的最新建池技术:农村沼气网 www.biogas.com.cn

【思考分析题】

1. 有没有更好的办法解决沼气池的漏水、漏气问题?
2. 如果一个沼气池检验时不漏水,如何用较简单的方法检验是否漏气?
3. 大批量检验沼气池的漏水及漏气时,如何用快速的方法进行检验?
4. 检验户用沼气池时,能否先检验漏气性,再检验漏水性?

【顶岗实训工作过程作业记录单】

1. 沼气池备料情况检查记录单:

水泥标号		水泥数量	吨	粗沙大小	
粗沙数量	方	细沙大小		细沙数量	方
红砖规格		红砖数量		钢筋数量	kg

2. 沼气池施工作业质量检查记录单:

施工项目	施工质量检查记录	质量评价
池底施工		
池墙施工		
池盖施工		
水压间施工		

3. 沼气池质量验收(试漏、试压)记载:

检验项目	检验记录	验收评价
气箱密封性		
试水检验		
打气检验		
活动盖密封性		
沼气池整体质量		

检验员签名:　　　　年　月　日　　　　用户签名:　　　　年　月　日

(二)户用沼气池的启动与运行技术实训

【职业岗位工作任务】

准备好发酵原料和接种物后,便开始投料启动、运行产气并投入使用,重点是进行农村户用沼气池的日常管理、后续服务等工作。多年来,农村沼气池在日常运行过程中会出现这样或那样的故障,诸如:投料后不产气,产气量少不够用,料液发生酸化或碱化,进料出料困难,沼气配件坏了没有人修理或更换,如此等等的技术问题如果不能及时解决,服务不到位,将会使沼气池报废甚至变成垃圾池,严重挫伤了农民建沼气池的积极性。如何正确诊断沼气池出现的各种故障并及时加以排除?解决农户的后顾之忧,怎样安全使用沼气池?如何加强后续服务工作,建立县、乡、村3级服务体系,实现沼气池的物业化管理等,将是本职业岗位的主要工作。

【工作程序及技术操作要求】

1. 沼气池的发酵启动

工作程序	操作方法及要求
投料 ↓	将预处理的原料和准备好的接种物混合在一起投入池内。启动时的料液干物质含量控制在4%～6%。以10 m^3 池子为例:加接种物约1.1 m^3,加纯牛粪约1.9 m^3,加水约5.5 m^3。如在大出料时将接种物留在池内,将原料投入池内拌匀即可,最好选在晴天中午投料。
加水封池 ↓	原料和接种物入池后,要及时加水封池。加水量以料液量约占沼气池总容积的80%为宜。然后将池盖密封。加入沼气池的水可依次选用沼气发酵液、生活废水、河水或坑塘污水等;最好不要用地下井水(太凉);更不得使用含有毒性物质的工业废水。
放气试火 ↓	沼气发酵启动初期,通常不能点燃。因此,当水压表压力达到2 kPa以上时,应进行放气试火。所产沼气可正常点燃使用时,沼气发酵的启动阶段即告完成。
酸化处理	启动时,一旦发生酸化现象,气体长期不能点燃或产气量迅速下降,甚至停止产气,发酵液颜色变黄,方法: (1)发酵pH值不低于6.0时,可向沼气池内增投一些接种物或老沼渣(液)。 (2)当pH值降至6.0以下时,则需抽出部分发酵液,重新加入较大量接种物或老沼气池发酵液,同时也可用石灰水或草木灰水调节pH值至6.0以上。以达到恢复产气。

2. 沼气池的运行管理

(1)当沼气发酵启动之后，即进入正常运转阶段。为了维持沼气池的均衡产气，启动产气后 30～40 d 就应定时进行补料。

(2)平均每个沼气池每天补料 4～8 kg 干物质，最好天天进料或每隔 5～7 d 进料 20～40 kg 干物质，折合鲜粪便 100～200 kg 便可维持日产气 1.5 m^3 以上。不管哪种方式都要做到出多少料补多少料，先出料后进料。如用气量大，池温在 20 ℃以上时，每立方米沼气池平均每天可补料 2 kg。

(3)正常运转期间的进料浓度应当尽量大一些。干物质含量可以大于 8%。

(4)非三结合沼气池，若实行秋季一年一次大换料，并以成批投料为主时，启动投料浓度在 8%～10%，至次年春末不必添料，以后产气量不足时每月添料 1～2 次，每次进料 40～80 kg 干物质。

(5)旋流池每天用抽渣管上下抽动 10 min，进行回流搅拌；水压式沼气池无搅拌装置，可通过进料口或水压间用木棍搅拌，也可以从水压间淘出料液，再从进料口倒入进行搅拌，每隔 5～7 d 搅拌一次。若发生浮料结壳并严重影响产气时，则应打开活动盖进行搅拌。冬季减少或停止搅拌。

3. 沼气池的增温与保温措施

(1)常温发酵沼气池，温度越高沼气产量越大。应尽量设法使沼气池背风向阳。

(2)冬季到来之前，防止池温大幅度下降和沼气池冻坏，应在沼气池表面覆盖柴草、塑料膜或塑料大棚。三结合沼气池，要在畜圈上搭保温棚，以防粪便冻结；有条件的农户，可将沼气池建在日光温室内暖圈下边。

(3)作物秸秆等堆沤时产生大量热量。正常运转期间可在池上部大量堆沤秸秆，给沼气池进行保温和增温。

(4)采用覆盖法进行保温或增温，其覆盖面积都应大于沼气池的建筑面积，从沼气池壁向外延伸的长度应稍大于当地冻土层深度。

4. 沼气池的大换料

(1)根据农业生产用肥季节每年可进行大换料 1～2 次。大换料要于池温 15 ℃以上季节进行，低温季节不宜进行大换料。

(2)大换料时应做到以下几点：

①大换料前 5～10 d 应停止进料。

②要准备好足够的新料。待出料后立即重新进行启动。

③出料时尽量做到清除残渣，保留细碎活性污泥。留下 10%～30%的活性污泥为主的料液作为接种物。沼气发酵液可重复利用。

5. 安全注意事项

(1)沼气发酵启动过程中,试火应在灯、炉具上进行,禁止在导气管口试火。

(2)沼气池在大换料及出料后维修时,要把所有盖口打开,使空气流通,在未通过动物实验证明池内确系安全时,不允许工作人员下池操作。

(3)池内操作人员不得使用明火照明,不准在池内吸烟。

(4)下池维修沼气池时不允许单人操作,下池人员要系安全绳,池上要有人监护。以防万一发生意外可以及时进行抢救。

(5)沼气池进出料口要加盖。

(6)输气管道、开关、接头等处要经常检修。防止输气管路漏气和堵塞。水压表要定期检查。确保水压表准确反映池内压力变化。要经常排放冷凝水收集器中的积水,以防管道发生水堵。

(7)在沼气池活动盖密封的情况下,进料、出料的速度不宜过快,保证池内缓慢升压或降压。在沼气池日常进出料时,不得使用沼气燃烧器和有明火接近沼气池。

6. 沼气池使用中的常见故障诊断与排除

(1)压力表水柱上升很慢,产气量低:一时弄不清产气少还是漏气可用正负压测定。如第1天24 h内压力表水柱由0上升到10 cm,从导管处将输气管拔下来,把沼气全部放掉,在导气管处临时装一个U形压力表。从水压间内取出若干担沼液,使沼气池内变成负压。如果沼气池有漏洞池内的沼气不会漏出来,只会把池外的空气吸进去。再过24 h,把取出的沼液如数倒入水压间内,观察压力表水柱上升高度,如果与第1次水柱高度相同,说明不漏气而是产气慢;如果比第1次高了许多,说明沼气池漏气。

同时对输气系统也应进行试压检查是否漏气。如系统漏气,应检查出漏气处,进行修理;如属产气慢,一是发酵原料不足,浓度太低,产气少;或虽然原料多,但很不新鲜,营养元素已经消化完了,使沼气细菌得不到充足的营养条件;二是池内的阻抑物浓度超过了微生物所能忍受的极限,使沼气细菌不能正常生长繁殖,这就要补充新鲜发酵原料或者要大换料了;三是原料搭配不合理、人、畜粪便(干物质)太少。

(2)投料后产气很少甚至不产气,有气点不燃或燃烧不理想:这种情况多见于冬季气温低的时候。原因是:沼气池密封性不强,可能漏水或漏气;输气管道、开关等可能漏气;缺乏产甲烷菌种,挥发酸的利用率不高,不可燃气体成分多;配料过浓或青草太多使挥发酸积累过多,抑制了产甲烷菌的生长;可能是池温太低。

解决办法:新建沼气池及输气系统均应进行试压检查,必须达到质量标准,保证不漏水不漏气才能使用;排放池内不可燃气体,添加菌种,主要是加入活性污泥或者粪坑里的泥土、老沼气池中的粪渣液,或换掉大部分料液;注意调节发酵液的pH值为6.8～7.5。判断发酵液过酸,除用pH试纸测试外还可根据沼气燃烧时火苗发黄、发红或者有酸味来判断。

调节pH值的方法:从进料口加入适量的草木灰或适量的氨水或石灰水等碱性物质,并在出料间取出粪液倒入进料口,同时用长把粪瓢伸入进料口来回搅动。用石灰调节pH值时,不能直接加入石灰,只能用石灰水。石灰水的量也不能过多,因为石灰水的浓度过大,它将和池内的二氧化碳结合,而生成碳酸钙沉淀。二氧化碳的量减少过多,会影响沼气产量;采取增温措施,提高池温到12 ℃以上。

(3)以前使用好,大出料后重新投料后产气不好:主要是出料时没有注意,破坏了顶口圈或出料后没有及时进料,引起池内壁特别是气箱干裂,或因为内外压力失去平衡而导致池子破裂造成漏水漏气,或出料前就已破裂,而被沉渣糊住而不漏,出料后便漏起来了。处理办法是:修补好破损处;进料前将池顶洗净擦干,刷纯水泥浆2～3遍;凡大出料以后,要及时进料,以防池子干裂并保持池内外压力平衡。在地下水位高的地方,雨季不要大换料。

(4)开始产气很好,大约三四个月以后产气量有明显的下降,进出料口有鼓泡翻气现象:主要是池内发酵原料已经结壳,很难进入气箱,而从出料口翻出去。主要原因是加了部分草料造成的,一般利用纯人畜粪尿很少出现此种情况。解决办法:安装抽粪器;经常搅拌就可解决了。

(5)原产气很好,后来明显下降,或陡然不产气:这是开关或管路接头处松动漏气,或是管道开裂,或是管道被老鼠咬破;活动盖被冲开;沼气池胀裂,漏水漏气;压力表中的水被冲走;用气后忘记关开关或开关关得不严;池内加入了农药等有毒物质,抑制或杀死沼气细菌。处理办法是:先看活动盖上的水是否鼓泡,如不,对池和输气系统分别进行试压、检查,看是否漏气漏水。如找出漏气处进行整修;换掉一部分或大部分旧料,添加新鲜原料。

(6)沼气池内全部进的人畜粪便:前期产气旺盛,过一段时间以后产气逐渐减少。这是因为人畜粪被沼气细菌分解,产气早而快。新鲜人畜粪入池后大约有30～40 d的产气高峰期。如进一次料以后不再补充新料,产气就会逐渐减少。所以必须强调猪舍、厕所、沼气池三连通,并与日光温室相连接,保证每天有新鲜原料入池;达到均衡产气;持续供给日光温室用肥。

(7)压力低时,水柱上升快,以后上升越来越慢,到一定高度就不再上升了,其原因是:气箱或输气系统慢跑气,漏气量与压力成正比,压力越高漏气越多。压力低,产气大于漏气,压力表水柱上升,当压力上升到一定高度,产气与漏气相平衡,就不再上升了;进出料管或出料间有漏孔时,当池内压力升高,进出料间液面上升到漏水孔位置，粪水渗漏出池外，使压力不能升高；池墙上部有漏气孔，粪水淹没时不漏气，当沼气把粪水压下去时，便漏气了；粪水淹没进出料管下口上沿太少，当沼气把粪水压至下口上沿时，水封不住沼气，所产的沼气便从进出料口逸出；水压间起始液面过高，当池内产气到一定时候，料液超出水压间而外溢。处理方法是：检查沼气池及进出料间和输气系统是否漏气或漏水，找到漏处进行修整；如发酵料液不够，从进料口加料加水至零压、液面达水箱底；定期出料，始终保持液面不超高。

(8)压力表水柱很高，但气不经用，这是发酵料液过多，气箱容积太小：形体小而深所以压力虽高，但贮气量却少。压力表水柱高低只是标明沼气池内液面与水压间液面之高差，不说明产气多少。要求平时做到勤进料，勤出料。保持零压时，料液面平水箱低或上下处；不能过多过少。如农作物不需要用肥料，就要将料出到贮粪池内，雨水季节不要让雨水流入进料口。要按设计要求修建水压间。

(9)压力表水柱虽高，但一经使用就急剧下降，火力弱，关上开关又回到原处，这种情况是：导气管堵塞，或输气管道转弯处扭折，管壁受压而贴在一起，使沼气难以导出或流通不畅；沼气池与灶具相距太远，所安装的管道内径小，或开关等管件内径小，使沼气沿程压力降增大。只要疏通导气管或整理管道扭曲压瘪的地方，或加大输气管和管件的内孔径即可。

(10)开关打开，压力表水柱上下波动，这是输气系统漏气，且管道内有凝结水的现象，这要对输气系统进行试压检验，查出漏气处，如管道漏气，从漏气处剪断，再用接头连接好；如接头处漏气，则拔出管子，在接头上涂上黄油，再将管道套上并用扎线捆紧；如开关漏气，修不好则应更换新开关；放掉管道内凝结水，并在输气管最低处安装凝水器。

(11)打开开关，压力表水柱上下波动，火力时强时弱：这是由于输气管安装不合理，致使管道内积存冷凝水，沼气流通不畅。安装输气管应向沼气池方向有5‰的坡度，或在管道最低处(应在猪舍内以防结冰)加装一个凝水器。

(12)从水压间取肥，压力表水柱倒流入输气管：这是由于开关、活动盖未打开时，在出料间里出肥过多，池内液面迅速下降，使其出现负压，把压力表内水柱吸入输气管中。因此大出料应在池顶口进行。小出料过多时应将输气管从导气管上拔下来，取完肥仍安装好管道。或出多少料进多少料，使液面保持平衡，防止出现负压。

(13)压力表水柱被冲掉，这种情况只在U形压力表上出现：这是压力表管道太短，或久不用气使池内产生过高压力。当池内沼气压力大于管道水柱的高差时，沼气便会把管内水柱冲出来。因此安装压力表应按设计压力满足90 cm水柱高度，不可太短或太长，压力表上端要安装全瓶，这样压力表既可反映池内压力，又可起到保护作用。

7.病态池常见故障类型、产生原因与维修方法

(1)病态池常见故障类型:病态池按故障的严重程度和发生部位分为严重故障、一般故障和小故障3种类型。

严重故障是指沼气池壳体部分受到损伤,如池墙裂缝;池底裂缝或局部沉陷;拱顶与池墙连接处裂缝;拱顶与顶口圈裂缝等造成漏水、漏气,这要经过大修才能恢复正常。

一般故障是指粉刷密封层起壳、龟裂、进出料管断裂;进出料管与池墙连接处裂缝;换料时池体受到机械损伤或其他原因造成的漏水漏气,这要经过中修才能恢复。

小故障是指壳体与粉刷层基本完好,但由于气箱或池墙部分有少量沙眼和毛细孔造成慢性漏气、渗水;或是沼液中的有机酸和硫化氢等对气箱内壁水泥浆发生腐蚀;或活动盖封闭不严;或导气管松动等,通过小修即可恢复。

(2)病态池故障原因:设计布局及施工方面原因。地址选择不当,地下水没处理好;没按图纸设计要求施工,壳体强度不够;地基土质过松软或松紧不均匀,没有采取加固措施,使池子受力不均而胀裂或沉陷;进出料管与池体结合部位衔接不好,池体下沉时使连接处裂缝;施工工艺不合要求,如水灰比和沙石级配不当,混凝土有蜂窝面空洞,养护不良;粉刷质量差,压抹不实,毛细孔多;密封层次不够;粉刷层与壳体粘结不牢等。

材料方面的原因。水泥及混凝土等建材标号不够;混凝土和沙浆级配不合要求,沙石含杂质多。

管理方面原因。在使用过程中,池内贮气气压过高,试水试压或大出料时速度过快,造成正负压过大;建池时养护不好,太阳暴晒或冰冻,使混凝土产生细微的水缩、龟裂;在出料后长期空池造成干裂或浸水胀坏沼气池等。

(3)病态池诊断:对病态池的诊断应从3个方面进行:首先要搞清病态池故障的原因及性质,是由于沼气池本身漏水漏气,还是发酵受阻或是输气系统漏气造成的;其次弄清造成病态池故障的原因,是哪方面造成的;最后搞清病态池渗漏的严重程度和需要维修的准确部位。

诊断病态沼气池的方法是一问、二看、三检查:

一问就是向用户询问使用情况。弄清楚是一向如此还是近期突然变故。如系前者,则多半是进料少或池体密封差;如系后者则多半是管道损坏或有害物质进入池中,或沼气池胀裂。

二看就是现场察看。看管道安装是否合理,有无松动;水压间内料液升降高

度痕迹和料液浓度如何，以便进一步的判断。

三查就是查整个沼气系统。一般先从管道入手，试压检查输气系统是否漏气，如果不漏气，就要检查池体。如果沼气池内有发酵原料，则采用正负压检查，断定是否产气慢，还是漏气等原因。如果沼气池已出空，先用直接检查法，仔细观察沼气池内外有无裂缝，孔隙导气管是否松动，用小木棒叩击池内各个部位，如果有空响说明抹灰层翘壳。还要观察池壁是否有渗水现象，对于不明显的渗水部位，可在其表面均匀地撒上一层干水泥，如出现湿点或湿线，即为漏水小孔或漏水缝。

常见漏气漏水部位有：拱顶与池墙的衔接处，发酵池与进出料管衔接处，池墙与池底的衔接处，预制件之间的接缝，导气管周围，顶圈口拱顶转角处，以上部位一定要认真检查，哪个部位出现问题就进行补修哪个部位即可。

(4)沼气池的修补：一般漏气毛病比较好处理，如导气管松动，则用水泥沙浆加固护座，内加密封；拱顶轻微漏气则用较浓的水泥浆排刷 3 次；池壁翘壳，则铲除重新仔细粉刷；活动盖松动，重新封闭。

【顶岗实训工作过程作业记录单】

<table>
<tr><td colspan="5">一、投料过程记录：</td></tr>
<tr><td>项目户姓名</td><td></td><td>沼气池类型</td><td colspan="2"></td></tr>
<tr><td>池容</td><td>m^3</td><td>原料种类</td><td colspan="2"></td></tr>
<tr><td>原料数量</td><td>m^3</td><td>接种物数量</td><td colspan="2">m^3</td></tr>
<tr><td>投料浓度</td><td>%</td><td>加水体积</td><td colspan="2">m^3</td></tr>
<tr><td colspan="5">浓度计算公式：
$$发酵浓度(\%)=\frac{原料重量\times干物质含量(\%)+接种物重量\times干物质含量(\%)}{原料重量+接种物重量+水的重量}$$
二、产气量变化及气量记录：</td></tr>
<tr><td rowspan="3">沼气灶具安装工作记录</td><td>沼气灶安装记录</td><td colspan="3"></td></tr>
<tr><td>沼气灯安装记录</td><td colspan="3"></td></tr>
<tr><td>调控净化器安装记录</td><td colspan="3"></td></tr>
<tr><td rowspan="2">产气量记录及压力表变化记录</td><td>投料 5 d 压力表</td><td>kPa</td><td>投料 10 d 压力表</td><td>kPa</td></tr>
<tr><td>投料后 15 d 压力表</td><td>kPa</td><td>投料 20 d 压力表</td><td>kPa</td></tr>
<tr><td colspan="5">三、故障诊断与排除记录：</td></tr>
<tr><td>故障类型</td><td colspan="2">原因分析</td><td colspan="2">排除记录</td></tr>
<tr><td></td><td colspan="2"></td><td colspan="2"></td></tr>
<tr><td></td><td colspan="2"></td><td colspan="2"></td></tr>
<tr><td></td><td colspan="2"></td><td colspan="2"></td></tr>
</table>

(三)沼气燃具设备的安装与维护实训

【基本知识】

1. 常用的沼气燃具设备

(1)沼气灶:分为单眼灶与双眼灶两种类型,目前常用的是双眼灶。按点火方式不同又分为脉冲点火和电子打火两种,近年来使用较多的是电子打火。沼气灶主要由点火器、灶头、燃烧器、开关、风门等几部分组成。

(2)沼气灯:主要由泥头、燃烧器、纱罩、玻璃罩等组成,目前多用电子点火。

(3)净化调节(控制)器:是集沼气的脱硫净化、压力表指示、气量调节控制为一体的多功能器具,又叫"三合一"净化器。

(4)沼气热水器:属于直燃式类型,其构造主要由进气孔、燃烧器、热水出孔。

(5)沼气饭煲:主要由锅体、燃烧器、进气开关等组成,可自动切断气源。

2. 户用沼气燃具的安装

将沼气池产生的沼气通过导气管与厨房灶具连接起来,中间串联一个集水器(或凝水壶),将其安放在最低点,以便脱去沼气中的水蒸气。详见图3-18。

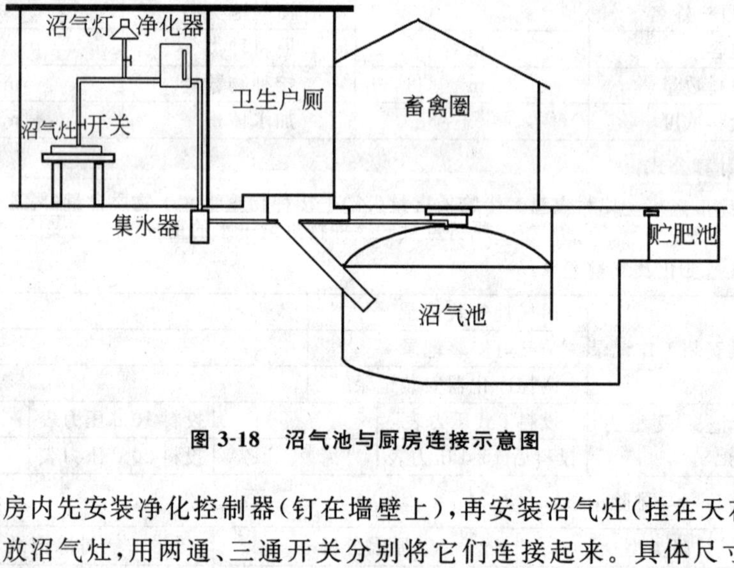

图 3-18　沼气池与厨房连接示意图

在厨房内先安装净化控制器(钉在墙壁上),再安装沼气灶(挂在天花板上),最后再安放沼气灶,用两通、三通开关分别将它们连接起来。具体尺寸详见图3-19。厨房内应有通风窗户,最好再安装有抽油烟机或换气扇。沼气灶、净化控制器等设备要安放整齐美观,详见图 3-20、图 3-21 所示。

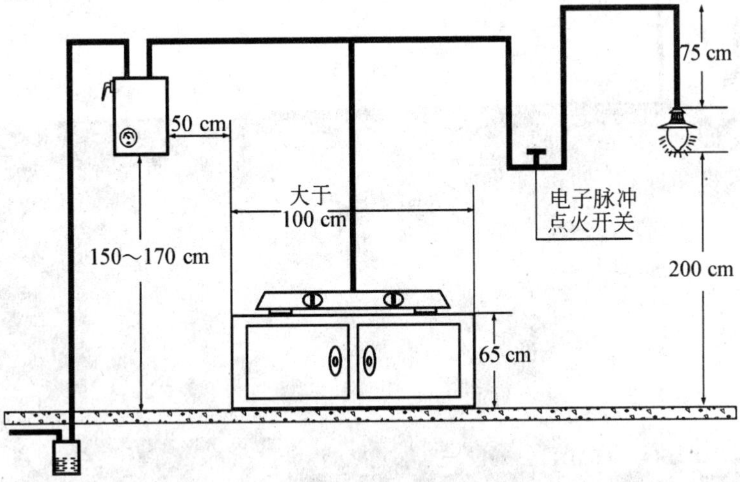

图 3-19　沼气灶具安装尺寸

图 3-20　厨房内布局示意图

图 3-21 厨房设施安装实物图

3. 主要沼气燃具的维护

(1)沼气灶的维护:农村户用沼气灶的使用频率最多,最容易出现故障的是点火开关损坏,电池电量耗尽,可采取更换开关、电池解决问题。其次是火焰发红或黄,可能是风门进空气量较少,沼气燃烧不完全,可将风门调节大一些。

(2)净化控制器的维护:常见问题是开关、旋钮部位漏气,可采用涂抹肥皂水的方法查找出漏气部位,再用密封垫圈拧紧即可解决问题,还不行的话则考虑更换开关、旋钮甚至整个控制器。其次是脱硫剂使用一两年后失效变黑,失去脱硫效果,可将内部的脱硫剂(氧化铁)取出,放在空气中氧化 3 d 即可再生,再生后的色泽呈棕红色,再重新装入控制器内使用。

(3)沼气灯的维护:纱罩在使用一段时间后易损坏,无法维护,只能更换新纱罩解决问题。

【岗位能力训练】

沼气灶具的安装与维护

工作环节	操作过程及质量要求
安装	将已安装灶脚的灶具放在石板、水泥板、瓷板等阻燃材料制作的灶台上，接上沼气。连接管可用壁厚为 1.5 mm、内径为 8 mm PVC 软管，灶前不要留过长软管。撕去不锈钢灶面上的塑料保护膜，脉冲点火灶具还应装入一节 1 号碱性电池(注意电池正负极不要接反)，按下灶旋钮能听到“哒哒哒”声音，说明电池已装好了，请用户记住“哒哒哒”声的速度，如过几个月“哒哒哒”声过慢就说明应该更换电池，如长期低电压工作，将会损坏脉冲点火器。
↓	
点火	压电开关和脉冲开关都没有自锁装置，点火时应先向前推，再向左旋，如强行扭动，会损坏开关。压电开关动作应先慢推向左旋至 45°角时再快旋转至 90°。这样可以让点火器周围充满沼气，容易点燃。
↓	
调风门	风门是两个蝶形不锈钢片，分为大火风门和小火风门，位于炉头进气口前端，盖上就是关闭风门。灶具在正常使用时，先调大火风门再调小火风门，正常的火焰为蓝色。火焰偏红则证明甲烷含量低，气还不纯；火苗离开炉盘燃烧则为进风量过大；火焰连成一片为风门过小，风门过小时，火苗串得很高，看似火很大，这种火焰热值不高。一般压电点火的灶具，需到气质较好时才能用电子点火，如气不纯，则不要急于用电子点火。
↓	
调节压力	电子点火灶具是一种压力适应范围较大的高效节能沼气灶，在 0.5 kPa 或 5 kPa 以上，都能正常燃烧。但最理想的压力是 1.6 kPa。如果压力偏高，需通过调压开关将沼气流量减小，使气流速度降低来提高电子点火率。
↓	
养护	不管是哪种电子点火灶具，都需要经常养护。定期向开关轴芯和开关压条上滴润油，每月滴一次，每次 2～3 滴。火盖上的孔洞面积是经过计算而设计的，孔洞面积小了，就会影响燃烧效果。如发现灶具火焰不均匀或发红，就应清理火盖孔的脏物，如火盖孔长期被堵，会造成灶具回火，烧坏开头总成。

第三节 知识拓展

一、农村户用沼气池质量检查验收标准

沼气池的验收标准简言之,一不漏水、二不漏气、三不胀裂。从事农村户用沼气池建池质量验收工作,必须掌握依据国家标准进行沼气池的漏水性检验,气密性检验,沼气池的整体质量评价等工作任务。这里以农村家用水压式沼气池质量检查验收标准(GB 4751—84)为例,说明验收要求。

本标准适用于按 GB 4750—84《农村家用水压式沼气池标准图集》进行建池施工的质量检查验收。

二、工作程序与检验方法

1. 土方工程

(1)沼气池池坑地基的土质允许承载力≥5 t/m^2。

检验方法:观察检查土质情况,复查施工记录。

(2)回填土必须分层夯实,其干容重值要求达到 1.8 g/cm^3,偏差值不大于 0.03 g/cm^3。

检验方法:检查施工记录及土质取样测定,每池取 2 点。

(3)池坑土方的边坡、直径、标高应符合下列规定:

①直径:应满足施工工艺要求尺寸。

②标高、直径、池壁垂直度和表面平整度允许偏差值见表 3-4。

表 3-4 池坑开挖允许偏差

项目	允许偏差(mm)	检验方法	检查点数
直径	+20	用尺量	4
标高	+15	用水准仪按施工记录拉线尺量	4
	−5	用尺量	
垂直度	±10	用重锤线和尺量	4
表面平整度	±5	用 1 m 靠尺和楔形塞尺	4

2. 模板工程

(1)砖模、木模、钢模和支撑件应有足够的强度、刚度和稳定性,并拆装方便。

检验方法:用手摇动和观察检查。

(2)模板的缝隙以不漏浆为原则。

检验方法：观察检查。

(3)圆筒形池整体现浇混凝土模板允许偏差值及检查方法见表 3-5。

表 3-5　现浇模板安装允许偏差

项　目	分　项	允许偏差值(mm)	检验方法	检查点数
池与水压间标高	木模	±10	用尺量或水准仪检查	3
	钢模	±5		3
断面尺寸		+5、−3	用尺量	3
池盖模板	曲率半径	±10	用曲率半径准绳	3

(4)球形池上、下半球内土胎模必须拍打密实，保持自然湿润，不得凹凸不平。球半径允许尺寸偏差±5 mm；上半球内模采用砖模时球半径允许尺寸偏差±10 mm；采用钢模时球半径允许尺寸偏差±5 mm。

(5)椭球形池模板要求同球形池。但上、下半球的曲率必须保持与标准图集设计尺寸相一致。尺寸允许偏差±5 mm。

3. 现浇混凝土工程

(1)混凝土的强度

①池墙、圈梁、池盖及水压间各部位混凝土强度的平均值不得低于设计标号 150 号。

②池墙、水压间混凝土中最低一组强度不得低于 90%；圈梁、池盖混凝土不得低于设计标号 150 号。

检验方法：用混凝土回弹仪测强度。

(2)混凝土应振捣密实，不允许有蜂窝、麻面和裂纹。

检验方法：观察检查。

(3)现浇混凝土沼气池允许偏差值及检验方法见表 3-6。

表 3-6　现浇混凝土沼气池允许偏差值及检验方法

项　目	允许偏差(mm)	检验方法	检验点数
内径	+3、−5	拉线用尺量	4
外径	+5、−3	拉线用尺量	4
池墙标高	+5、−10	用水准仪检测或拉线用尺量	4
池墙垂直度	±5	吊线用尺量	4
表面平整度	±4	用 1 m 靠尺和楔尺塞尺检查	4
圈梁断面尺寸	+5、−3	用尺量取平均值	4
池壁厚度	+5、−3	用尺量取平均值	4

4.预制块砌体工程

(1)砖砌体工程

①砌体中沙浆必须饱满密实。垂直及水平灰缝的沙浆饱满度不得低于95%；不允许出现内外相通的孔隙。

检验方法:在池墙、池盖不同位置各掀3块砖,用50格网查砖底面、侧面沙浆的接触面积大小,一般取3处的平均值。

②沙浆强度

a.沙浆的平均强度不得低于75号；

b.多次拌和的沙浆中最低标号不得低于设计标号的75%。

③组砌方法必须正确,竖缝不准有通缝;水平灰缝要平直,平直度偏差不超过10 mm。

检验方法:观察检查或用尺量。

(2)混凝土预制块砌体工程

①砌体沙浆要饱满密实,组砌方法正确,不允许出现通缝或联通缝隙。

②砌体外缝原浆勾缝;砌体内缝用1∶2.0水泥沙浆分两层勾缝与池内壁相平。

③勾缝沙浆强度不应低于标号100号。

检验方法:查沙浆配合比记录。

(3)块石砌体工程

①块石的标号必须符合GB 4750—84的设计要求。

②块石的砌体尺寸允许偏差值同砖砌体。

5.密封层工程

(1)防水密封层必须灰浆饱满,抹压密实;无翻沙、无裂纹、无空鼓、无脱落,表层有光度。接缝要严密,各层间粘结牢固。

检验方法:观察或用木槌敲击检查。

(2)水泥沙浆配合比符合GB 4750—84设计要求。

检验方法:查施工记录。

(3)水泥素浆的水灰比不大于0.4。应涂刷均匀;涂刷程序和遍数按GB 4750—84设计要求,不得漏刷。

检验方法:观察检查,查施工记录。

(4)防水密封层厚度应符合GB 4750—84的设计要求;总厚度允许偏差+5 mm。

检验方法:用尺量。

(5)夹层水密封措施应符合 GB 4750—84 的设计要求。

6. 密封涂料工程

(1)密封涂料层的原料指标应符合下列要求：

①石蜡热熔涂刷后用喷灯烘烤均匀，要求涂刷 3 遍；

②硅酸钠比重 1.38～1.40；模数 2.6～2.8。涂刷必须均匀，不起壳、不脱落。

检验方法：观察检查，查施工记录。

7. 沼气池整体工程竣工验收及检验方法

(1)沼气池交付使用前必须符合 GB 4750—84 的设计要求。

检验方法(直观检查法)：应对施工记录和沼气池各部分的几何尺寸进行复查。池体内表面应无蜂窝、麻面、裂纹、沙眼和孔隙；无渗水痕迹等目视可见的明显缺陷；粉刷层不得有空鼓或脱落现象。

(2)沼气池整体试漏必须符合下列要求：待混凝土养护达到设计强度的70%以上时，方能进行试压查漏验收。检验方法有水试压法和气试压法两种：

①水试压法：向池内注水，水面至零压线位时停止加水，待池体湿透后标记水位线，观察 12 h，当水位无明显变化时，表明发酵间及进出料管水位线以下不漏水之后方可进行试压。试压时先安装好活动盖，并做好密封处理；接上气压表后继续向池内加水。待气压表水柱差升至最大设计工作气压时停止加水，记录水面高度，稳压观察 24 h，当气压表水柱差下降在 3%以内时，可确认为抗渗性能符合要求。

②气试压法：池体静水试漏同水试压法。确定池墙不漏之后，将进出料管口及活动盖严格密封，装上气压表，向池内充气，当气压表水柱差升至设计工作气压时停止充气，并关好开关。稳压观察 24 h，若气压表水柱差下降在 3%以内时，可确认为抗渗性能符合要求。

【知识延伸】

1. 玻璃钢沼气池的施工建设技术。
2. 在检查验收小型沼气工程时，与农村户用沼气池有哪些不同？
3. 在大批量检验沼气池的漏水、漏气性时，应采用哪些快速的方法？
4. 上网查阅国内外最新的沼气池试漏性方法。
5. 上网查阅商品化沼气池(玻璃钢、工程塑料等)的验收标准。
6. 上网查阅其他类型的沼气池，如圆球形、方形等。
7. 登录新疆沼气网站查询新疆农村户用沼气池的发展规划。

【思考分析题】

1. 在新建的沼气池投料启动时,如何解决接种物不够这一现实问题?
2. 怎样才能快速启动沼气池?
3. 在气温较低的春、秋季启动沼气池时,如何提高池内的温度?
4. 沼气池的大换料最好在什么季节进行?
5. 病态沼气池的修补常用的措施有哪些?

第四单元　小型沼气工程技术实训

【岗位工作能力要求】

农村户用沼气池只能解决一家一户的生活用燃料和生产用肥问题，不能解决小型养殖场的粪便集中处理与能源化利用（如集中供气）问题，在国家大力提倡发展联户沼气、人畜分离净化农村环境卫生的形势下，小型沼气工程越来越受欢迎。从事小型沼气工程技术岗位需要在掌握沼气发酵基础理论知识的前提下，还要求具备以下职业能力：

(1)农村工作经历，能够与养殖户或小型养殖场场主有效沟通。

(2)与有关技术人员一起研究确定小型沼气工程的选址与建设规划。

(3)能够识别小型沼气工程的图纸，搞清其标识及工程关键施工要点。

(4)指导小型沼气工程的土建施工与设备安装技术，学会工程质量的检查与验收。

(5)掌握原料的前处理、投料启动与运行管理技术。

(6)能够排除小型沼气工程日常运行中的故障。

【教学目标与要求】

小型沼气工程工艺流程主要包括原料的前处理、发酵产生沼气与净化、发酵液的后处理3个阶段。通过对本单元的学习与实训，应达到如下教学目标：

(1)搞清工艺流程中3个阶段的作用及特点。

(2)学会小型沼气工程图纸的识别并能设计出简单的施工图。

(3)学习掌握原料的前处理、投料启动与运行管理技术。

(4)能够排除小型沼气工程日常运行中的故障。

(5)识记沼气工程的基本概念、工艺类型及有关知识。

第一节　岗位技术概述

一、沼气工程概念

沼气工程定义为：以废弃物厌氧发酵为手段、以能源生产为目标、最终实现沼气、沼液、沼渣综合利用的生态环保工程。20世纪90年代中期，规模化畜禽场污染问题日益受到关注，畜禽养殖场粪污排放COD已经超过了工业废水和生活污水的总和。鉴于养殖场废物资源、能源特征，以沼气工程建设为纽带成为解决养殖场粪污、实现粪污资源化利用的重要措施。

表 4-1 沼气工程规模的划分

规模	单池容积(m^3)	总池容积(m^3)	日产气量(m^3/d)
大型	＞500	＞1 000	＞1 000
中型	50～500	50～1 000	50～1 000
小型	＜50	＜50	＜50

二、小型沼气工程发酵工艺

沼气发酵选用两种主要工艺：一是能源生态型处理利用工艺，二是能源环保型处理利用工艺。能源生态型处理利用工艺是指畜禽养殖场粪便和污水经厌氧消化处理后作为农田水肥利用的处理利用工艺；能源环保型处理利用工艺是指畜禽养殖场的畜禽污水处理后达标排放或以回用为最终目标的处理工艺。

小型沼气工程工艺流程一般分为3个阶段：

(一)前处理工艺段

前处理工艺段是除去物料中的泥沙、浮渣、较大颗粒的块状物和长纤维等杂物，以便使发酵原料适合潜污泵送料和沼气发酵罐的运行要求。

前处理工艺段所选用的设施有粗细格栅、预处理池、水力斜板振动筛、竖沉罐、固液分离机等。如果是中、高温发酵，还需要对料液升温。

(二)沼气发酵工艺段

料液进入沼气发酵罐进行厌氧发酵，消化分解有机质生产沼气为中间阶段。沼气发酵罐或消化器是发酵工艺段的核心设备。微生物的繁殖，有机物的分解转化，沼气的生成都是在消化器里进行的，因此，消化器的结构和运行情况是一个沼气工程设计的重点。目前，应用较多的工艺类型及消化器的结构有3类：①常规型消化器，如隧道式沼气池；②污泥滞留型消化器，如UASB、USR、IC；③附着膜型消化器，目前使用的主要是软填料过滤器，适用于可溶性有机废水处理，有启动快、运行容易的优点，但投资多、易发生堵塞。

(三)后处理工艺段

畜禽粪污或工业有机废水经过厌氧发酵处理后,排出的消化液,如果实现达标排放,需要进入好氧阶段继续处理;畜禽粪污厌氧发酵排出液经过固液分离,调质加工生产生物复合肥和液体肥,实现零排放。后处理的固液分离设备可以选用竖沉罐,也可以选用 LJG-1 型螺旋挤压式固液分离机。

第二节 小型沼气工程的运行管理技术实训

一、基本知识

小型沼气工程要求具有一定科学知识和技术水平的沼气生产工从事运行和管理工作,在工作中既要严格按照操作规程进行操作,又要根据消化器运行的实际情况随时进行调控和处理各种可能出现的故障。这既要求工作人员掌握沼气发酵的基本原理和条件,又要对工程系统和正确的操作方法了如指掌,并具备能够及时发现运行中出现的问题和进行有效处理的责任心和能力。

二、职业岗位能力训练

(一)小型沼气工程检验

【岗位工作任务】

沼气工程建设除工艺设计和结构设计科学合理外,还应当检查施工、安装质量,确保沼气发酵装置不漏水、不漏气,一切附属设备完好,试车运行正常。

【工作程序与操作方法】

工作程序	操作方法和质量要求
发酵装置密封检验 ↓	在投料前向装置内注满清水,并增压至4.9～9.8 kPa,24 h观察压力下降小于3%,达标,否则不合格,应检修。
管道、阀门检验 ↓	按照各自运行压力、工业管路检验标准用清水进行承压检验。确保各部件不漏水、不漏气。
原料、水、蒸汽 ↓	检验酸碱度、温度、料液浓度是否达到设计要求。

沼气压力表、流量计等 ↓	按照各自的产品质量标准和设计要求进行单机调试和联动试运行。
加热器、搅拌器、电机水泵	按照各自的产品质量标准和设计要求进行单机调试和联动试运行。

(二)小型沼气工程启动

【岗位工作任务】

学会投料、接种物扩大富集培养、能够排除启动障碍。

【工作程序与操作方法】

工作程序	操作方法和质量要求
接种物的收集 ↓	在生产上普遍采用各种来源的活性污泥作为接种物。接种物可以取自正在运行的厌氧消化器,特别是城市污水处理厂的污泥厌氧消化器,也可以取自畜禽粪便和酒精废醪的厌氧消化器。接种物可以液态形式(含水率96%左右)取回,经2 mm×2 mm筛孔筛除大块杂质后即可投入消化器。液态污泥运输甚为不便,特别是长途运输更是困难。 为了便于运输,可以把污泥脱水后使其成为固体状态运至使用地点,然后再加入污水调和,过筛后投入消化器,这种方法已经在多处使用,取得了很好的效果。
投料启动 (两种启动方式) 连续膨胀法⟶	消化器检验并清空后,在接种物不足的情况下,将收集到的接种物和首批原料按一定比例(如2∶1视接种物活性和原料浓度而定)投入消化器。停止进料若干天,在静止条件下,对消化器内的接种物进行富集扩大培养,使厌氧消化微生物得到驯化和生长或者附着于填料表面,至料液中生成的挥发酸大部分被去除时,即产气高峰过后,料液的pH在7.0以上,所产沼气中甲烷含量在55%以上时,首批富集扩大培养即告完成。而后即可进行半连续或连续投料启动运行。原则上加大接种量有利于缩短启动过程的时间,通常接种物用量按照发酵器体积计算在10%~30%之间。

浓度递增法⟶ ↓	消化器检验后，保留清水于消化器内，即可边投入接种物，边投入原料进行启动，使消化器内的料液浓度不断增长。这样既可以使检验时的清水得以利用，又可减轻因启动时料液浓度过高而产生的酸化现象。例如：在进行鸡粪中温沼气工程启动时，第 1 批投料按接种物与原料的比例为 2∶1 投入，3～5 d 后第 2 批投料按 1∶1投入，再经过 3～5 d 第 3 批投料按 1∶2 投入。待接种物投完后即开始进行半连续投料启动运行，1 个月内，产气率即达到设计要求。
启动完成	当接种物投加完毕后，即进行半连续或连续投料启动运行，开始时通常按 COD 0.5～2 kg/(m^3 · d)负荷进行投料。当可降解的 COD 去除率达 80%，或出水中的总挥发酸低于 300 mg/L 时，可进一步提高负荷。每次负荷的增长量控制在 COD 0.5～1.5 kg/(m^3 · d)之间，也可以控制在原负荷的 50%，这应根据具体情况确定，甚至各项指标稳定达到设计要求，启动即告完成。

【常见技术问题处理】

1. 如何排除启动时的障碍？

在启动过程中，最常见的障碍是负荷过高所引起的发酵液中有机酸的上升，pH 降低，这时常会引起污泥沉降性能变差而严重流失。排除障碍的方法是：首先应停止进料，待 pH 恢复正常水平后，再以较低负荷开始进料。如果发现 pH 已经降至 5.5 以下，预计单靠停止进料也难以奏效时，则应添石灰水、碳酸钠或碳酸氢铵等碱性物质进行中和。同时也可排出部分发酵液，再加入一些接种物，以期起到稀释、补充缓冲性物质及活性污泥的作用。

在以某些难降解有机物或缺乏营养物的废水为原料时，在启动过程中常需加入生活污水或氮、磷等营养物质以促进微生物的生长。

2. 怎样解决酸化与甲烷化的平衡？

酸化与甲烷化的失调，主要是因为酸化速度远远大于甲烷化速度。解决办法：每天取样 一次，测试沼气发酵塔内发酵料液的 pH 值，其 pH 值应控制在 6.8～7.5 之间，若低于 6.8 时，要适当减小或停止进料或增加回流量；若高于 7.5 时，就要适当增加进料量。

(三)小型沼气工程运行管理

【岗位工作任务】

小型沼气工程建成并启动结束后,进入日常的运行管理阶段。沼气工程的管理目标是:通过每位员工认真工作,实现全系统正常完好运行,确保达到规定的处理目标。工程管理可分为运行、控制、化验和机修等几部分,小的工程只是几个人全权承担起这些工作,不再细分。无论是运行的操作者,还是化验员,都必须熟悉工艺流程和设备的操作规程。管理是保证系统正常运行的关键。通过控制沼气发酵的各项工艺条件,使发酵罐稳定运行,保持较高的产气率。

【工作程序与操作方法】

(一)沼气发酵罐运行的管理

工作环节	操作方法和质量要求
认真监测沼气发酵罐的运行参数 ↓	需监测的数据包括每天的进料量、进料液及罐内各个采样点料液的温度、pH、COD 含量和 SS 含量。进料量、温度和 pH 正常,COD 可以改为每两天监测一次;工程运行稳定后,COD 和 SS 可一周监测一次。
利用监测数据指导工程运行 ↓	通过监测沼气发酵运行中的各项数据,控制进料量和进料温度以及污泥的回流量等;把监测数据填入表格,用按时填报表格的方式督促岗位操作者认真负责地监控系统运行。同时也可以通过数据分析 COD、pH 和温度的变化趋势,指导系统操作运行。当料液浓度高或 pH 较低时,可采用回流上清液调节进料的 pH 和料液浓度,进料浓度一般应低于 6%,进料液的 pH 在 5~7 之间。
对原料进行前处理	包括沉沙、格栅、分离、水解酸化等,去掉大块杂物,清除浮渣,把进料温度提到高出正常运行温度的 3~5 ℃,采用规模化养牛或猪场的粪污作发酵原料,牛舍或猪舍的粪污应该日清 2 次,早晚各 1 次,及时送到除杂池里,防止牛粪或猪粪结冻或积压成块。用沉淀回流上清液或预处理池里的稀液来稀释干猪粪或干牛粪,浓度保持在 6%~8%之间。用螺旋除杂机清除牛粪或猪粪

↓	液中的硬块或杂物等，认真清除杂物是保证污泥泵及沼气发酵装置正常运行的首要前提。冲洗牛舍或猪舍的污水经过粗细格栅，随同稀释除杂后的牛猪粪污一同流进预处理池，进一步清除浮渣后，按量泵进沼气罐里。
严格控制进料量 ↓	在调试运行阶段需根据监测的参数确定每天的进料量。调试阶段的进料量可以参照设计的进料量，但主要应依据工程运行效果，确定每天或每次的进料量；当COD去除率达到70%，或沼气中甲烷含量为50%以上，沼气火焰呈浅蓝色或罐内发酵料液pH为7上下，均可认为是运行正常，可加大进料量，直至设计进料量。
排出液的后处理方法 ↓	沼气发酵排出液的后处理，是坚持清洁生产的重要环节。工业污水沼气发酵的后处理，是进入下道处理工艺段；畜禽粪污沼气发酵的后处理，一是实现零排放目标，即上清液可是回用稀释畜禽粪便，或是经过调质浓缩为营养液的浓面肥和无土栽培的液体肥；沼渣经过调质处理生产生物复合有机肥。发酵排出液实现零排放是最佳处理方案。另一种方案是达标排放，污水进行进一步处理，获取的沼渣用作生物复合有机肥的原料后的出水达到国家排放标准。第2种方法运行费用相对较高，经济效益差，有条件地区应尽量采用第1种即污水零排放的方法进行污水处理。
注意防寒、防冻管理	进入冬季前，特别是在我国北方地区，应认真做好寒冬正常进行的管理工作，加强阀门、水封、入孔、凝水器、管道、贮气柜水池、固液分离装置等部位的防寒保温措施。

(二)泵和搅拌器类设备运行管理

(1)认真读懂设备出厂的使用说明书，严格按规定操作管理。

(2)水泵在运行中，必须严格执行巡回检查制度，并符合下列规定：

①注意观察各种仪表是否正常、稳定。

②轴承温度不得超过 75 ℃。

③检查水泵填料压盖处是否发热,滴水是否正常。

④水泵机组不得有异常的噪声或振动。

(3)应使泵类机电设备(搅拌器等)保持良好技术状态。

(4)严禁频繁启动水泵。

(5)水泵运行中发现下列情况时,应立即停机:

①水泵突然发生异常声响。

②轴承温度过高。

③电压表、电流表的显示值过低或过高。

④管道和阀门发生大量漏水。

(三)电器及监测仪表的运行管理

(1)认真读懂各仪表的出厂使用说明书,严格按规定使用操作。

(2)操作人员应注意观察各种设备或系统的控制信号是否正常,并做好运行记录,发生故障,应立即通知检修人员或运行管理人员。

(3)对控制仪器和显示记录仪表应按时察视,发现异常情况应及时采取措施。

(4)各类检测仪表的传感器、变送器和转换器均应按要求清污除垢。

(5)当仪表出现故障时,不得随意变动已布设的检测点。也不得随意拆卸变送器和转换器。

(6)控制室内所有控制仪器与设备应在规定的电压下工作。

(7)当发现某个工序故障报警或设备因故跳闸时,必须立即停机,检修必须在设备断电的情况下进行,在排除故障后方可重新合闸。

(四)固液分离机的运行管理

(1)仔细读懂设备使用说明书,按说明要求进行调整和操作。

(2)固液分离机带负荷运行前,应空车试车。

(3)固液分离机在正常工作时应经常检查,根据水质及时调节进水量。

(4)根据分离出固形物的含水率,按工艺要求调节设备运行参数,保持分离机始终处于最佳工作状态。

(5)工作完毕,应对固液分离机彻底清洗。

(6)固液分离机运行时,不得触摸旋转部位。

(7)固液分离机运行时出现异常现象应立即停机检修。

(8)检修工作必须是在停机状态下进行。

(五)贮气柜、净化设施和输气管路的运行管理

(1)对贮气柜运行管理的中心环节是防止漏气。经过试漏后启动运行的沼气贮柜,应定期更换浮罩顶盖上的安全防爆胶板,并设有防老化护罩措施。

防止漏气:经常检查水槽和水封中的水位高度,防止沼气因水封高度不足而泄漏。定期对柜体表面进行检查和涂刷油漆,以防钟罩钢板腐蚀而穿孔漏气。

(2)沼气贮气柜的贮气量和贮气压力,应每周按时观测并做好记录。

(3)贮气柜的气柜的压力须保持在系统正常运行压力下,一般为 2 500~3 000 Pa。

(4)沼气贮气柜的水封应保持设计的水封高度。夏季应适时地补充清水;冬季当气温低于 0 ℃时,应采取防冻措施。

(5)沼气管道或冷凝水收集器内的冷凝水应定期排放,排水时应防止沼气泄漏。

(6)脱硫装置中脱硫剂应定期再生或更换,冬季当气温低于 0 ℃时,应采取防冻措施。

(7)水封罐的液位应保持在标准高度上,高低及时排放或补充。

(8)冬季要注意水封池及排水阀的防冻,以防发生负压和超压。

(9)贮气柜避雷针每年雷雨季前必须做好体修、保养、检测工作,接地电阻<10 Ω。

(六)安全生产与防火

沼气中的甲烷(CH_4)是一种易燃易爆气体。当空气中的 CH_4 含量在 5%~15%范围内时,遇明火或 700 ℃以上的热源即发生爆炸;当 CH_4 与 2 倍以上的氧气混合时,遇明火或其燃点以上的热源时,即开始燃烧,并引起火灾。另外,沼气中的硫化氢(H_2S)是一种有毒气体,其毒剂量如表 4-2 所示。

表 4-2 硫化氢浓度的致害性

硫化氢浓度(mL/L)	致害性
大于 2 000	立即致人死亡
600~1 000	30 min 内会致人死亡
500~700	暴露 30~60 min 会致人重疾
50~100	暴露 60 min 以上会致人残疾

未经脱硫的沼气中 H_2S 含量一般为 200～500 mL/L，有时可高达 1 000 mL/L。含有大量沼气的空气中，除 H_2S 造成的直接毒害外，还常由于缺氧使人体窒息，从而加剧其毒害。

综上所述，在沼气系统的运行管理中，首要问题是安全。主要应注意以下几个方面：

(1)沼气站内管理人员必须严格按照沼气系统安全运行规程，进行安全生产。重视沼气的危害性和危险性，谨慎管理。

(2)沼气站内管理人员必须严格按照沼气设备产品说明书的规定进行管理及维护，保证沼气设备的正常运行。

(3)沼气站内一律禁止明火，严禁吸烟。沼气系统区域内严禁铁器工具撞击或电焊、气割操作。

(4)沼气站建立出入检查制度，严禁小孩及闲杂人员进入。严禁打火机、火柴等危险物品的带入。

(5)严禁沼气站内管理人员进入运行中的加盖集水池、加盖酸化调节池、厌氧池(罐)、贮气罐等含有沼气的构筑物进行操作。这些构筑物需维修时，应严格按照安全维修操作规程进行。

(6)定期检查沼气管路系统及设备的严密性，如发现泄漏，应迅速修复。检修完毕的管路系统或储存设备，重新使用时必须进行气密性试验，合格后方可使用。沼气主管路上部不应设建筑物或堆放障碍物，不能通行重型卡车。预防沼气泄漏是运行安全的根本措施。

(7)沼气储存设备因故需放空时，应间断释放，严禁将储存的沼气一次性排入大气。放空时应认真选择天气，在可能产生雷雨或闪电的天气严禁放空。另外，放空时应注意下风向有无明火或热源(如烟囱)。

(8)由于 H_2S 和 CO_2 比空气重，须防止在低凹处积聚(如检查井)，以防止人窒息。

(9)沼气站内必须配备消火栓、若干只灭火器及消防警示牌，并定期检查消防设施和器材的完好状况，保证其正常使用。

【常见技术问题处理】

1. 沼气工程的日常管理应注意哪些事项？

沼气工程的日常维护需要一定的机械钳工技能和电工、仪表工的相关技能，作为沼气生产的技师，首先要能发现异常现象，简单事故会维修，难度较大的事故需要请专业人员及时维修，切记盲动。

2. 沼气站的选址应考虑哪些因素？

沼气站的选址要考虑到多种因素：一是离养殖场要近，以方便粪污的运送；二是距离居民点或集体食堂等用气户不得超过 500 m，以便于沼气的传输；三是应远离火源及高压电线、电缆设备，以免引起火灾。

3. 小型沼气工程与大中型沼气工程之间的关系是怎样的？

既有区别又有联系，主要区别在于两者的厌氧消化器规模不同、处理工艺有差异，其他方面基本相同。一个沼气工程无论其规模大小，都包括前处理阶段、沼气发酵阶段和后处理 3 个阶段。小型沼气工程不能认为是农村户用沼气池的放大，应该说两者不是一回事。

4. 小型沼气工程的“三沼”如何利用？

主要用于处理小型畜禽养殖场粪污，所产沼气主要为养殖场或周围居民提供生活及生产用清洁燃料——沼气。同时也为种植业及养殖业提供了大量营养丰富的优质有机肥料和养殖饵料——沼液及沼渣，刚出池的沼液，其氧化-还原电位较低，化学活性较大，容易与土壤中的氧气发生反应而造成土壤中氧气的减少，对种子发芽、根系发育、幼苗生长及叶片产生不良影响。因此，应将沼液在池外存放 12～24 h，待其无臭无异味后再用。沼渣则应在池外堆放 15～20 d 后，才能施用。

5. 沼气发酵液能不能直接排放？

不能。否则会导致二次污染，必须经过后处理加以资源化利用。后处理方法主要有农用法及固液分离法两种，后者常用于大中型沼气工程，前者则适用于小型沼气工程，经沉淀后的沼液可以用自流（有落差）或泵通过管道，直接输送到农田用作肥料，也可经粗板和细板过滤后用作果园滴灌。经沉淀后的沼渣（污泥）可直接用作肥料、养鱼，也可以配制蔬菜、花卉和特种作物的育苗营养土。

【知识延伸】

1. 沼气发酵的工艺条件，测温、测压仪表和 pH 计等常规方法，污泥泵、潜水污水泵、搅拌器、固液分离机的操作规程。

2. 小型沼气工程安全运行注意事项，上网查询工程的运行效益：包括经济效益、生态效益和社会效益。对小型沼气工程的运行管理与大中型沼气工程基本相同，应该在全面技术管理的基础上，侧重对沼气发酵装置的运行管理和沼气输配及储存系统设施管道的运行管理；对选型购入的标准设备和仪表，重点要读懂出厂的使用说明书，按规定操作使用。

3. 小型沼气工程经常发生的故障主要表现在沼气发酵方面及输气管路方面。其故障的产生原因、处理方法详见表 4-3。

表 4-3 沼气使用常见故障的诊断及排除

故障	原因	处理方法
1. 沼气发酵方面:		
(1)启动投料后长久不产气,或有气烧不着	1. 发酵料液酸化; 2. 接种物太少	用石灰水或草木灰调 pH 值补充加入接种物或多加牛粪
(2)开始产气正常,以后产气下降	1. 发酵原料不足; 2. 酸化;3. 池温下降	添加新料、调 pH 值、采取保温措施、增加投料量
(3)开始产气正常,加料后反而不产气	发酵原料中混入有毒物质	重新换料
(4)燃烧时出现红火焰,调整灶具也无法消除	沼气中二氧化碳含量高,发酵液出现酸化趋势	调节 pH 值,待 pH 值恢复至中性后即可
2. 输气管管路方面:		
(1)压力表的压力高,一用气压力便急剧下降,火力弱甚至点不着火,关上开关压力即回升到原位	1. 导气管或三通堵塞; 2. 输气管受压或被折转,管路不畅通	检查管路及时疏通
(2)打开开关,压力表指针跳动,火力时大时小	1. 输气管中有冷凝水存积、产生水阻;2. 管路转折	排除积水,安装排水装置理顺折角
(3)关闭开关时,压力表指针跳动	导气管、三通或开关漏气	查出漏气部位及时修补
(4)压力表压力高但火力不大,燃烧缓慢,火苗短弱	1. 开关、三通、管道内径不合规格,造成输气不畅。 2. 输气管路太长,压力损失大	消除开关、三通阻隔,适当加大管径;就近建贮气柜

【分析思考题】

1. 小型沼气工程与农村户用沼气池有哪些区别与联系?
2. 什么是沼气工程? 其大小规模是如何划分的?
3. 小型沼气工程的核心设备是什么?
4. 试述小型沼气工程的工艺流程,并说明各部分的功能与作用。
5. 在启动小型沼气工程时,应注意哪些事项?
6. 如何做好小型沼气工程的运行管理?
7. 有一个小型养殖场,有 100 头奶牛和 50 亩的苜蓿地,养殖场内有食堂和集体宿舍,试设计一个小型沼气工程,要充分利用沼气发酵的产物。

三、顶岗实习工作过程记录单

一、工程质量检验记录：

检验项目	检查、检验记录	质量评价
发酵装置密封性		
管道、阀门		
原料、水、蒸汽准备工作		
试漏水性、漏气性		
加热器、搅拌器、电机、水泵检查记录		

二、小型沼气工程启动工作记录：

发酵塔容积	m^3	工艺类型		投料浓度	%
原料种类		泵料温度	℃	投料数量	m^3

三、运行管理工作记录：

料液的温度	℃	pH 测定		COD 含量测定	mg/L
SS 含量检测	%	每天进料量	m^3	每天的产气量	m^3
贮气柜气压		用气量	m^3	脱硫塔维护	

四、排出液的后处理记录：(处理方式、日处理量)

五、书写启动与运行管理技术总结：

第三节 知识拓展

一、电器仪表维护与保养

1. 控制屏维护与保养技术要点

(1)应保持屏内清洁，不得积灰和附着水露。

(2)继电器的接钥匙点应定期检查和更换，定期校验程序控制系统。

(3)电缆终端的卡钳应定期检查，保证接触紧密和无锈蚀。

(4)维修工作结束后，应保持电缆排列整齐，分类清楚。

2. 仪器仪表维护与保养技术要点

(1)各部件清洁、无锈蚀；表盘标尺刻度清晰；铭牌、标记、铅封完好；定期检查更换防潮剂。

(2)使用酒精、清洗剂、超声波等方式清洗零部件,严禁使用对零部件有损害的清洗剂。

(3)仪器、仪表中各元器件、探头、转换器、计算器应定期检修。

(4)仪器、仪表的维修工作应由专业技术人员负责。贵重仪器维修应与专业维修部门或生产厂家联系处理,不得随意拆卸。

(5)列入国家强制检定范围的仪器、仪表,应按时送技术监督部门检定。

(6)仪表箱接地和电器控制柜接地、贮气柜避雷针接地电阻和连线要请持证电工定期检查防止接地连线断掉、假接或电阻过大,遇到雷雨季节会酿成事故。

(7)大型仪表应按出厂使用说明书要求进行维修保养,遇到难以判断的故障,应请生产厂家的售后服务部门维修保养。

二、泵类设备维护与保养

(1)按出厂使用说明书进行维护保养。

(2)在每次停泵后,应检查填料或油封处的密封情况,进行必要的处理,并根据需要填加或更换填料、润滑油、润滑脂。

(3)半年一次检查、调整、更换水泵进出水阀填料。

(4)应定期检修集水池水标尺或液位计及其转换装置。

(5)备用泵应每月进行至少1次试运转。环境温度低于0 ℃时,必须放掉泵壳内的存水。

三、固液分离机维护

(1)按固液分离机使用说明书的要求定期保养,添加润滑油(脂)。

(2)当固液分离机发生故障或损坏等现象,应及时维修或更换部件,严禁带病运行。

(3)固液分离机不得超负荷运行,当电器控制柜发生跳闸时,应排除故障后方可重新合闸。

四、贮气柜维护保养

(1)定期检查贮气柜、沼气管道及阀门是否漏气。

(2)贮气柜外表的油漆或涂料应定期重新涂饰。

(3)贮气柜的升降设施包括进出气阀应经常检查,添加润滑油(脂)。

(4)寒冷地区每年冬季前应检修沼气贮气柜水封的防冻设施。

(5)贮气柜的储存水每年必须更换1次。

(6)贮气柜运行3～5年应彻底维修1次,所有气阀,质保使用寿命到期必须强制更新。

(7)沼气报警装置应每年检修1次。

(8)浮罩顶盖的安全孔胶板定期检查，严防直接被阳光辐照老化。

五、厌氧发酵罐维护保养

(1)厌氧发酵罐的罐体、相连接的管道及阀门应每年进行1次检查和维修。

(2)厌氧发酵罐的各种加热设备应经常除垢、清通。

(3)当采用热交换器加热时，管道和阀门处的密封材料应每年更换。

(4)当采用螺旋桨等机械搅拌时，轴承应定期检查，添加润滑油，支承架的连接螺旋桨应经常检查和坚固。

(5)寒冷地区冬季溢流管、防爆装置的水封为防止结冰，应做好设备和管道保温防冻工作。

(6)厌氧发酵罐运行3～5年应彻底清理、检修1次。

(7)正常运行1年时间后，适当进行罐底排污（也要防止菌泥流失），清理顶部溢流堰内的沉积物。

(8)尽可能选用罐内没有运转部件和加热设备在罐外的厌氧发酵装置。

(9)地下发酵装置可参照上述要求进行维修保养。

六、输气输液系统维护保养

(1)定期更换或再生脱硫塔内的脱硫剂，以保证脱硫效果和减少输气系统阻力。

(2)保持水封罐的水位在标准水位线上，超出要及时排放，不足要及时补充，运行半年时要更换罐内的封气水，并保持水位管清晰透明。

(3)定期排放蒸汽管道、沼气管道和冷凝水回收器内的积水，保证管路畅通，减少输气压力损失。

(4)输气、输液管道阀门开关灵活，损害及时维修或更换。

(5)冬季到来之前要对输气、输液管路保温措施进行认真的检查，破损部分及时补救。

【知识延伸】

1. 学习掌握测量仪表，包括测温计、压力计、pH计、液位计、奥化气体分析仪等的操作使用与维护，在详细读懂其使用说明书的基础上，反复研究其原理及构造，训练每一个仪表正确的使用方法，同时还要加强对上述仪表的日常维护。

2. 上网浏览国内已建成的典型小型沼气工程案例，包括疆内的和疆外的工程。网址：http//www. biogas. com.

【工程案例】

阿克苏市依干其乡集中供气沼气工程

一、工艺流程

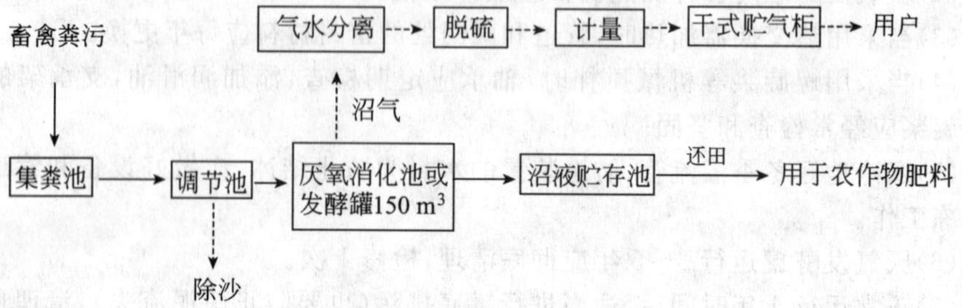

图 4-1 沼气工程工艺流程图

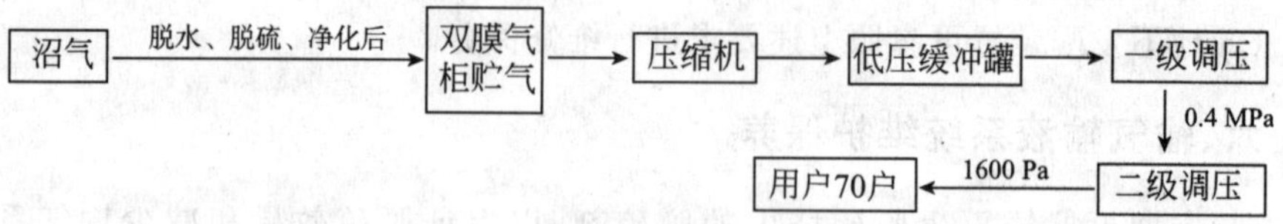

图 4-2 集中供气流程图

二、工艺流程说明

根据沼气池的合理规划，沼气池产生的沼气经净化后集中供气 70 户用于炊事、或冬季用于发酵罐的保温和增温，厌氧发酵所产生的沼液和沼渣用于农肥；若粪便中含沙量大，还需在集粪池后修建 1 座除沙池。

1. 处理工艺

收集的粪便进入集粪池，若粪便中含沙量大，再进除沙池除沙，然后进入匀质调节池，用冲洗水（冲洗水应该是畜禽养殖场粪污冲洗水或其他不含洗涤剂的水，不能用含有毒物质的生活污水）调节，配成 TS 为 6%～8%的混合粪便污水，用提升泵将上述预处理的粪便污水泵入厌氧消化罐。

2. 工艺的选择

厌氧发酵采用完全混合式厌氧消化器（CSTR）工艺技术，因为本工艺用于高浓度、高悬浮物的粪污处理，且该工艺在国内外大中型沼气工程中使用最广泛，技术很成熟。

3. 沼气的净化工艺

厌氧发酵罐刚产生的沼气是含饱和蒸馏水蒸气的混合气体，除含有 CH_4 和 CO_2 外还含有 H_2S 等气体，H_2S 不仅有毒，还具有很强的腐蚀性，必须进行脱硫净化处理。还要进行气水分离，以脱水净化。

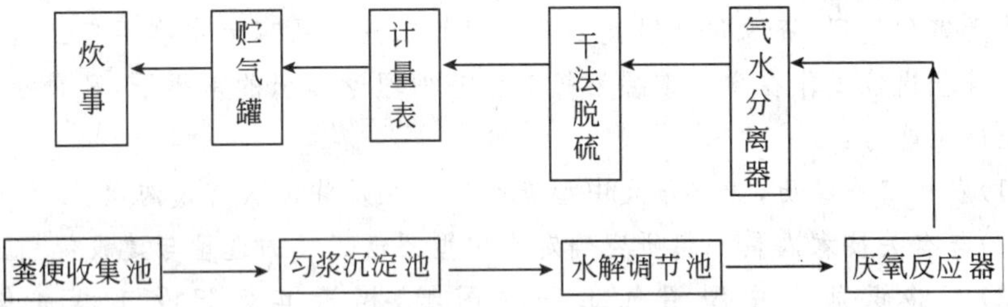

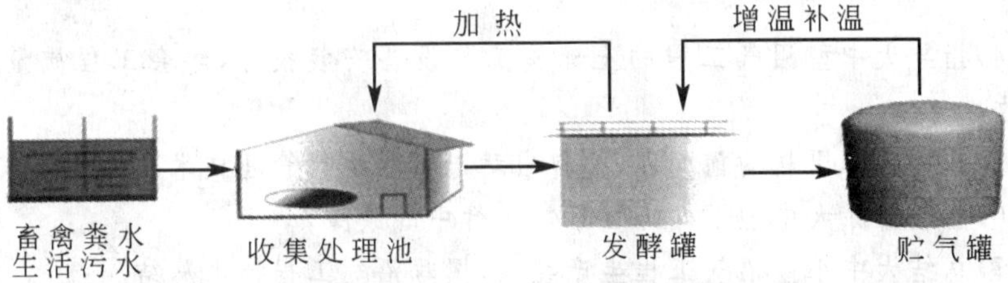

图 4-3　沼气发酵增温补温及加热示意图

图 4-4　正在施工中的阿克苏沼气工程

第五单元　大中型沼气工程技术实训

【岗位工作能力要求】

随着集约化养殖业的快速发展，规模化养殖场（大中型畜禽场）数量剧增，而粪便的无害化处理、资源化利用就要采用沼气工程。从事大中型沼气工程的建设与运行管理岗位工作在学习掌握沼气工程基础理论知识的前提下，还需要具备以下职业岗位能力：

（1）农村工作经历，能够与大中型养殖场场主及施工队有效沟通。

（2）与有关技术人员一起研究确定大中型沼气工程的选址与建设规划。

（3）能够识别大中型沼气工程的图纸，搞清其标识及工程关键施工要点。

（4）指导大中型沼气工程的土建施工与设备安装技术，学会工程质量的检查与验收。

（5）掌握发酵原料的前处理、投料启动与工程运行管理技术。

（6）能够排除大中型沼气工程日常运行中的故障。

（7）总结大中小型沼气工程生产经验，撰写沼气工程技术总结。

【教学目标与要求】

大中型沼气工程工艺流程主要包括原料的前处理、发酵产生沼气与净化、发酵液的后处理3个阶段。通过对本单元的学习与实训，应达到如下教学目标：

（1）搞清工艺流程常用厌氧消化器的种类及特点。

（2）学会大中型沼气工程图纸的识别并能指出施工图纸中的关键施工部位。

（3）学习掌握原料的前处理、投料启动与运行管理技术。

（4）能够排除大中型沼气工程日常运行中的故障。

（5）识记沼气工程的基本概念、工艺类型及有关知识。

第一节　岗位技术概述

中型沼气工程是指单体沼气发酵容积在 300～500 m^3，大型沼气工程是指单体沼气发酵容积在 500 m^3 以上沼气发酵系统，包括料液前处理、沼气发酵、发酵排出液后处理以及沼气的输配、储用系统等，共同构成沼气工程的全部。因此，大中型沼气工程建设内容如下：

(1)粪污水的收集、饲养种类、饲养工艺、清粪工艺、养殖规模、粪污排污量等。

(2)所选厌氧发酵工艺、发酵池型、贮气系统。

(3)项目工程所在地的区域，气象条件、环境状况、周围有无可利用的资源，项目建设是否会影响周围居民、厂矿、交通中远期发展。

(4)沼气利用系统、输配气系统、发电系统。

(5)沼气净化系统、监测系统。

(6)沼渣、沼液综合利用系统，周围土地承受和消纳能力，周围种植结构、作物品种、对水肥的需求。

(7)固体肥料生产加工。

一、工艺类型

对沼气发酵的工艺分类，从不同角度，有不同的分类方法。

(1)按发酵温度分 3 种：常温(变温)发酵型、中温(35 ℃)发酵型、高温(54 ℃)发酵型。

(2)按处理原料分 3 种：处理食品工业有机废水工程型、处理畜禽粪污工程型和处理其他工业有机废水工程型。

(3)根据沼气工程的目的和周边环境条件的不同，大中型沼气工程可分为能源生态模式和能源环保模式。

所谓能源生态模式，即沼气工程周边的农田、鱼塘、植物塘等能够完全消纳经沼气发酵后的沼渣、沼液，使沼气工程成为生态农业园区的纽带。如畜禽粪便沼气工程，首先要将养殖业与种植业合理配置，这样即不需要后处理的高额花费，又可促进生态农业建设，所以说能源生态模式是一种理想工艺模式。

所谓能源环保模式，即沼气工程周边环境无法消纳沼气发酵后的沼渣、沼液，必须将沼渣制成商品肥料，将沼液经后处理达标排放。该模式既不能使资源得到充分利用，而且工程和运行费用较高，应尽量避免使用。

二、工艺流程

一个完整的大中型沼气发酵工程，无论其规模大小，都包括如下工艺流程：原料(废水)的收集、预处理、消化器(沼气池)、出料的后处理和沼气的净化与储存等(图 5-1)。

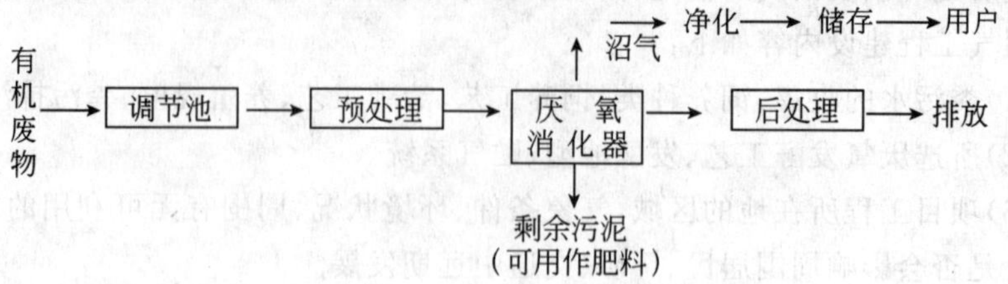

图 5-1 大中型沼气工程工艺流程

(一)原料收集

在畜禽场或工厂设计时就应当据当地条件合理安排废物的收集方式和集中地点,以便就近进行沼气发酵处理。

收集到原料一般要进入调节池储存,因为原料收集时间往往比较集中,而消化器的进料常需在一天均匀分配。所以调节池的大小一般要能储存 24 h 废物量。在温暖季节,调节池常可兼有酸化作用,这对提高原料可消化性和加速厌氧消化都有好处。若调节池内原料滞留期过长,会因耗氧呼吸作用或沼气发酵的进行而损失沼气产量。

(二)原料预处理

原料常混杂有生产作业中的各种杂物,为便于用泵输送及防止发酵过程中出现故障,或为了减少原料中的悬浮固体含量,有的在进入消化器前要进行升温或降温等,因而要对原料进行预处理。畜禽场的粪便原料特性详见表 5-1。

表 5-1 3 种发酵原料的特性

种类	TS%		产气潜力(m^3/kg TS)		物料特征
	一般水平	设计参数	一般水平	设计参数	
鲜牛粪	15～18	18	0.18～0.30	0.25	草多,沉淀物较少,浮渣多于沉渣
鲜猪粪	18～15	20	0.25～0.45	0.30	冬季沉淀物多,沉渣多于浮渣,而在冬季则相反
鲜鸡粪	25～40	30	0.30～0.55	0.35	有鸡毛贝壳沉淀,沉渣结实

在预处理时,牛和猪粪中的长草、鸡粪中的鸡毛都应去除,否则极易引起管道堵塞。上海星火农场采用搅龙除草机去除牛粪中的长草,可以收到较好的效果,再配用收割泵进一步切短残留的较长纤维和杂草可有效防止管道阻塞。鸡粪中含有较多贝壳粉和沙砾等,必须进行沉淀清除,否则会很快大量沉积于消化器底

部，不仅难以排除，而且会影响沼气池容积。

目前采用的固液分离方式有格栅机、搅龙除草机、卧螺式离心机、水力筛、板柜压力机、带式压滤机和螺旋挤压式固液分离机等。其中，螺旋挤压式固液分离机主要用于SS含量高、且易分离的污水，如新鲜猪粪污水；卧螺式离心机用于酒精厂废醪效果较好；搅龙除草机主要用于纤维较长的废水预处理；板柜压力机和带式压滤机主要用于加凝絮剂后凝絮效果较好的废水，用于好氧污泥的处理效果极佳；水力筛一般均采用不锈钢制成，用于杂物较多、纤维素中等的污水，如猪粪污水、鸡粪污水等，且其分离效果好，安装方便，易于管理，在南方应用较为广泛。

（三）厌氧消化器

厌氧消化器是大中型沼气工程的核心设备，微生物的繁殖、有机物的分解转化、沼气的生成都是在消化器里进行的，因此，消化器的结构和运行情况是一个沼气工程设计的重点。首先要根据发酵原料或处理污水的性质以及发酵条件选择适宜的工艺类型和消化器结构。

目前，应用较多的工艺类型及消化器的结构有常规型消化器，如在农村大量使用的家用水压水式沼气池和酒厂使用的隧道式沼气池；第2类为污泥滞留型消化器，使用较多的有使用于处理可溶性废水的UASB及使用于处理高悬浮固体的USR，另外，内循环厌氧消化器（IC）是目前效率较高的工艺类型，主要用于处理中低浓度、SS含量低、pH偏中性的污水。第3类为附着膜型消化器，目前使用的主要是填料过滤器，使用于可溶性有机废水处理，有启动快、运行容易的优点。各类消化器的详细特性将在下一节介绍。

图5-2　搪瓷拼装型厌氧消化器

(四)出料的后处理

出料后处理的方式多种多样，采用能源生态模式，最简便的方法是直接用做肥料施入农田或鱼塘，但施用有季节性，不能保证连续的后处理，应设置适当大小的贮液池，以调节产肥与用肥的矛盾。如采用能源环保模式，则是将出料进行沉淀后再将沉渣进行固液分离，固体残渣用做肥料或配合适量花费做成适用于各种作物或花果的复合肥料，很受市场欢迎，并有较好经济效益。清液部分可经爆气池、氧化塘、人工湿地处理设备进行深度处理，经处理后的出水，可用于灌溉或达标后排入水体、但花费较大。

(五)沼气的净化、储存和输配

沼气发酵时会有水分蒸发进入沼气，由于微生物对蛋白质的分解或硫酸盐的还原作用也会有一定量硫化氢(H_2S)气体生成并进入沼气。水的冷凝会造成管路堵塞，有时气体流量计中也充满了水。H_2S 是一种腐蚀性很强的气体，它可引起管道及仪表的快速腐蚀。H_2S 本身及燃烧时生成的 SO_2、H_2SO_3、H_2SO_4，对人都有毒害作用。大型沼气工程，特别是用来进行集中供气的工程必须设法脱去沼气中的水和 H_2S。脱水通常采用脱水装置进行(图 5-3)。沼气中的 H_2S 含量在 1～12 g/m^3 之间，蛋白质或硫酸盐含量高的原料，发酵时沼气中的 H_2S 含量就较高。硫化氢的脱除通常采用脱硫塔，内装脱硫剂进行脱硫(图 5-4)。因脱硫剂使用一定时间后需要再生或更换，所以脱硫塔最少要有两个轮流使用。

沼气的输配是指将沼气输送分配至各用户(点)，输送距离可达数千米。输送管道通常采用金属管，近年来工程也采用高压聚乙烯塑料管、PE 管、PPR 管等作为输气干管。用塑料管输气避免了金属管的易锈蚀等问题。气体输送所需的压力通常依靠沼气产生池或贮气柜所提供的压力即可满足，远距离输送可采用增压措施。

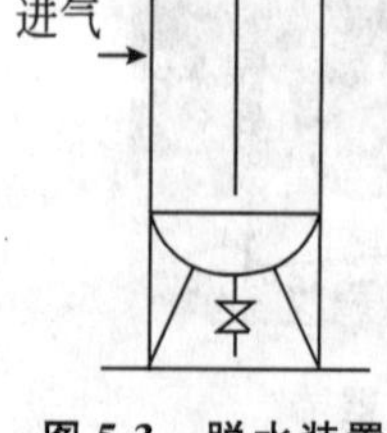

图 5-3 脱水装置

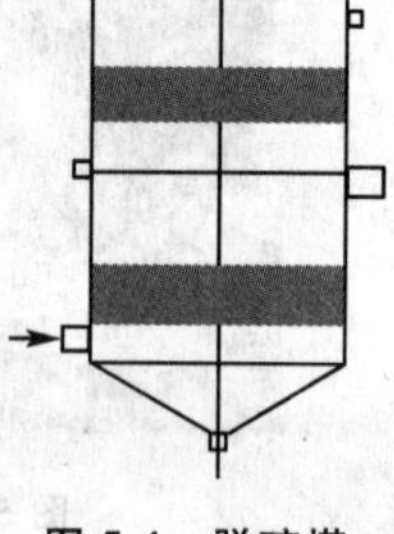

图 5-4 脱硫塔

三、典型沼气发酵工艺介绍

(一)液体酒醪沼气发酵工艺

液体酒醪高温发酵工艺,是利用酒精蒸馏塔排除具有 80～90 ℃的醪液,通常沉沙池将酒醪中沙粒和碎石沉淀分离,并进行适当的冷却。沼气发酵温度一般控制在 53～56 ℃,所以要将高温醪液先冷却到 60 ℃左右,再进入发酵罐发酵。工艺流程见图 5-5。

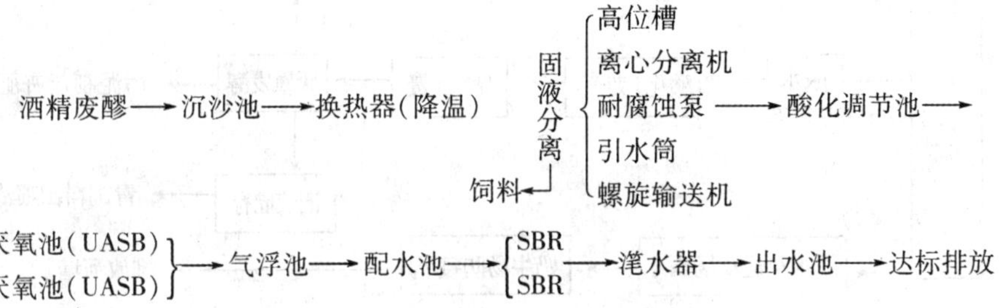

图 5-5　液体酒糟沼气发酵工艺流程

(二)屠宰污水与畜禽废水 2 级沼气发酵工艺

大中型屠宰场污水的处理方法为:先将屠宰污水进行沉沙处理,去除污水中的沙及大的悬浮物,再进行隔油处理,去除污水的动物油脂,处理过的污水进入集水池再用泵提升到水力筛,进一步去除悬浮物,随后进入酸化池进行酸化处理,处理出水一部分进入厌氧过滤器进行厌氧消化,另一部分进入配水池与厌氧消化后的出水进行混合,混合后污水进入 SBR 池进行好氧处理,经过沙滤,出水达到国家排放标准,工艺流程见图 5-6。

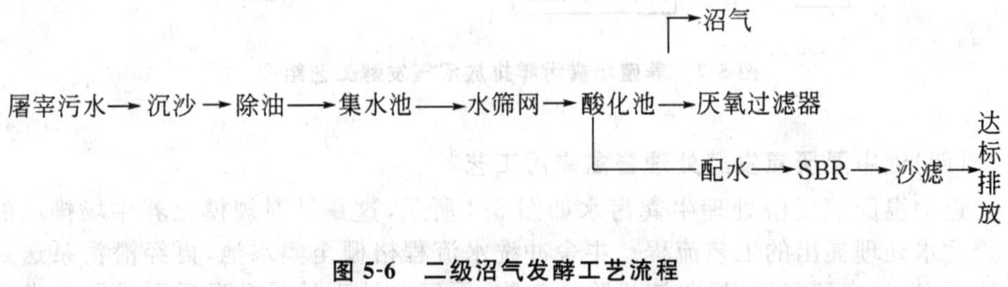

图 5-6　二级沼气发酵工艺流程

(三)养殖场粪污零排放沼气发酵工艺

养殖场粪污通过厌氧发酵技术,与农业生产相结合,能够达到粪污零排放的效果,其工艺流程如图 5-7 所示。

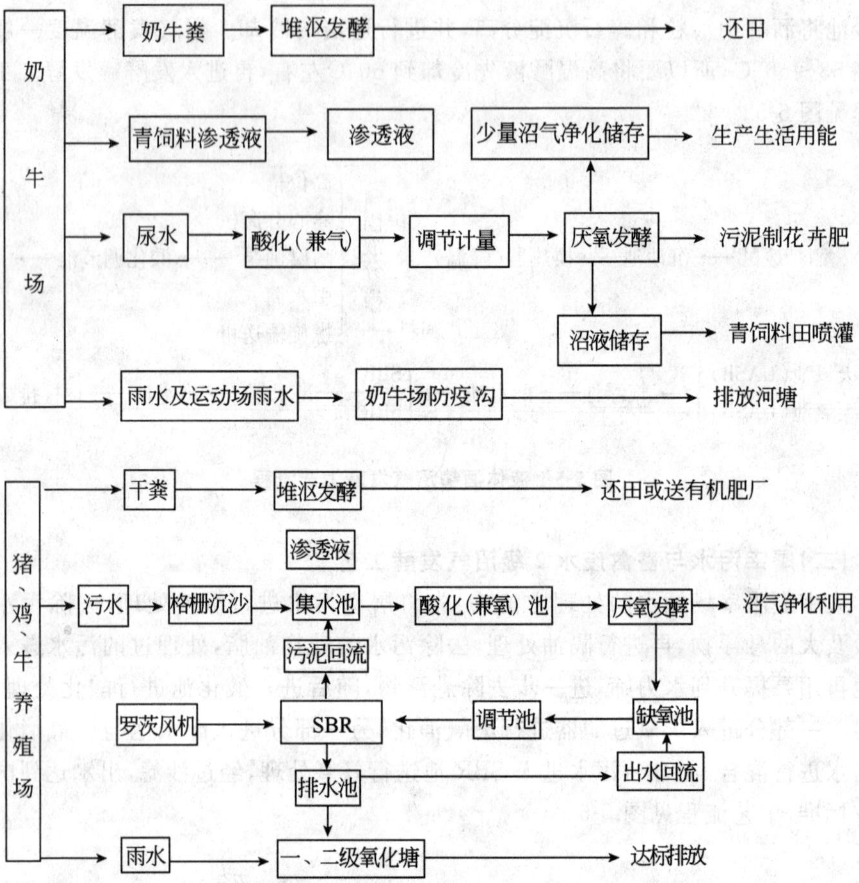

图 5-7 养殖场粪污零排放沼气发酵工艺组图

(四)近中温厌氧发酵处理畜禽粪污工艺

近中温厌氧发酵处理牛粪污水如图 5-8 所示,这是针对规模化养牛场排放的牛粪污水处理提出的工艺流程。牛舍冲洗水流程格栅至集水池,再经潜污泵送到除渣机,把牛粪稀释后,经除渣机除去杂物,再经前处理计量升温后泵进厌氧发酵罐。消化排除液先经贮气罐作水封后流进沉淀池,其上清液经过调质处理作为液体肥料自用或进入市场;沉淀后稠液经固液分离后,对其成分进行调质处理,制成有机肥。由厌氧发酵罐产生的沼气,其中一部分与煤混烧,获得热蒸汽用于料液升温,另一部分沼气可作其他燃料用。

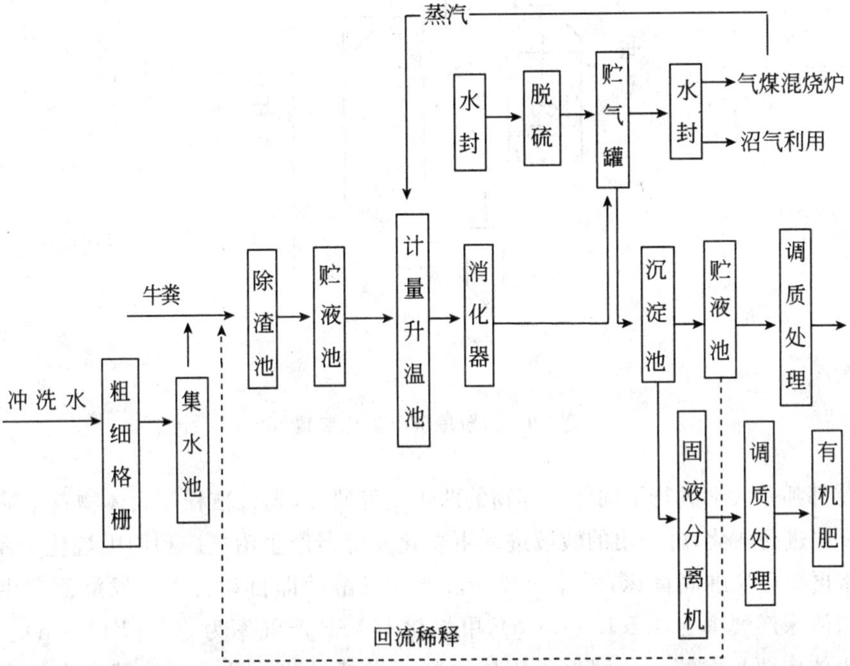

图 5-8 近中温厌氧发酵处理牛粪污水工艺流程

(五)两阶段厌氧消化工艺

两阶段厌氧消化工艺在我国又称两步发酵或两相厌氧消化,是将沼气发酵的水解酸化阶段和产甲烷阶段加以隔离,分别在两个消化器内进行的沼气发酵工艺。该工艺的研究已有近 30 年的历史,用来处理果酒生产废水的两阶段厌氧消化装置如图 5-9 所示。由于水解酸化菌繁殖较快、所以酸化发酵气体积较小,通过靠强烈的产酸作用将发酵液 pH 降低到 5.5 以下,这样在该发酵器内就足以抑产甲烷菌的活动,产甲烷菌繁殖速度慢,常成为厌氧消化器的限速步骤,因而产甲烷消化气体积较大,因其进料是经酸化和分离后的有机酸溶液,悬浮固体含量很低,所以采用了 UASB。

两阶段厌氧消化适用于固体物含量高并且产酸较多的废物的处理。这样才能保持酸化反应器的低 pH,从而抑制产甲烷菌的活动,做到酸化阶段和产甲烷阶段的分离。否则就会在酸化发酵器内有大量甲烷产生。两阶段发酵变成了两个发酵器串联的两级厌氧消化。

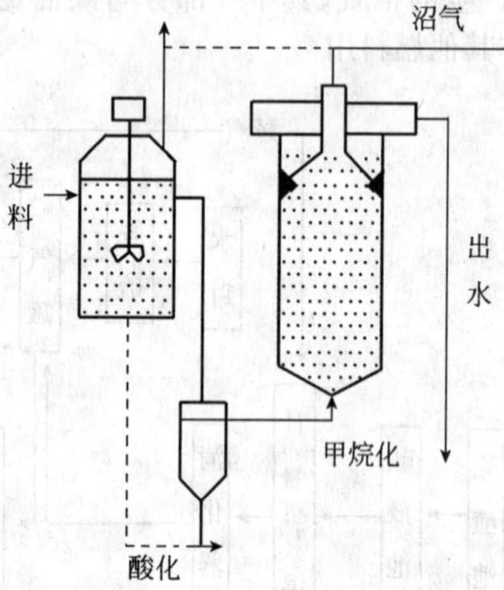

图 5-9　两阶段厌氧消化装置

首都师范大学进行了固体废弃物的两步发酵研究，先将秸秆等固体物置于喷淋固体床内进行酸化，淋洗出的酸液进入甲烷化发酵器产生沼气。利用甲烷化 UASB 的出水再循环喷淋固体床，固体床经一段产酸发酵后即自动转入干发酵而产生沼气。固体床产气率为 1.5 L/(L・d)，甲烷化 UASB 产气率为 3.12 L(L・d)。该喷淋固体床两步发酵工艺解决了固体原料干发酵易酸化及常规发酵进出料难的问题，适用于处理多种有机废物和垃圾等。

其最终产物为沼气和固体有机肥料，并且没有多余的污水产生。该工艺流程图详见图 5-10。

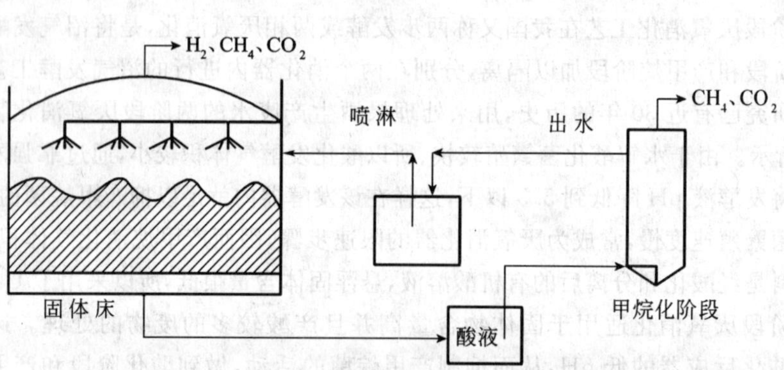

图 5-10　喷淋固体床两步发酵工艺

(六)沼气干发酵工艺

是指以固体有机物为原料,在无流动水的条件下进行的成批投料沼气发酵工艺。干发酵原料的干物质含量在20%左右较为适宜,水分含量占80%,干物质含量超过30%,则产气量明显下降(图5-11)。由于干发酵水分少,底物浓度高,在发酵开始阶段有机酸大量积累,又得不到稀释,因而常导致pH的严重下降,使发酵原料酸化,沼气发酵失败。

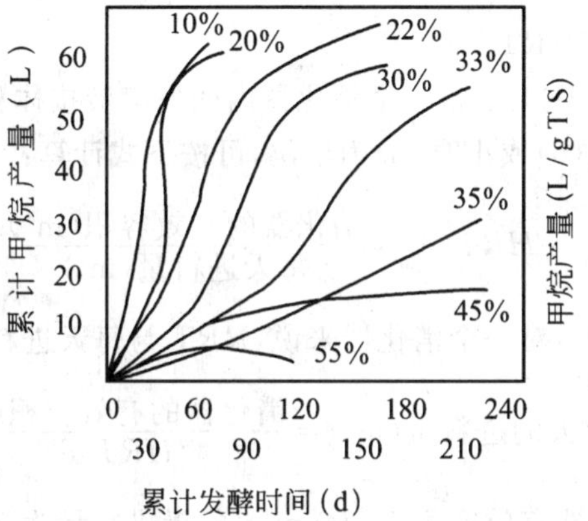

图5-11　干发酵产气曲线

为了防止酸化现象的产生,常用的方法有加大接种物用量,使酸化与甲烷速度能尽快达到平衡,一般接种用量为原料量的1/3～1/2;将原料进行堆沤处理,使易于分解产酸的有机物在好氧条件下分解掉一大部分,同时降低了C/N值;也可以在原料中加入1%～2%的石灰水,以中和所产生的有机酸。堆积会造成原料的浪费,所以在生产上应首先采用加大接种量的办法。

山东能源所研究表明:采用成批投料干发酵进行120 d后,纤维素可分解53.5%,平均每千克干物质产气量为0.22 m^3,在平均气温为26.7 ℃的条件下产气率平均为0.298 $m^3/(m^3 \cdot d)$,干发酵要求进出固体原料比较方便的消化器,具有红泥塑料膜顶盖的半塑式沼气池及上下大开口的铁制发酵桶较适用于干发酵工艺。

上述各种沼气发酵工艺,分别适用于一定原料和一定发酵及管理水平条件。目前,固体物含量低的废水多采用UASB,固体物含量较高的酒精废醪、丙丁醇发酵物及畜禽粪便污水等采用升流式固体反应器(USR)和厌氧接触工艺,高固体原料可结合生产固体有机肥料采用两步发酵及干发酵工艺。同时还要考虑沼气发酵操作人员技术素质、投资和运行费用的多少，来最后确定所要选择的发酵工艺类型。

四、厌氧消化器分类

一个厌氧消化器，无论是哪一种类型工艺，在具备适宜的运行条件的基础上，决定其功能特性的构成因素主要是水力滞留期(HRT)、固体滞留期(SRT)和微生物滞留期(MRT)，并据此对消化器进行分类。

(一)分类依据

1. 水力滞留期(HRT)

厌氧消化器的 HRT 是指一个消化器内的发酵液按体积计算被全部置换所需要的时间，通常用天(d)或小时(h)为单位，可按下式计算：

$$HRT(\mathrm{d})=\frac{\text{消化器的有效容积}(\mathrm{m}^3)}{\text{每天进料量}(\mathrm{m}^3)}$$

从上式可以看出，对一个消化器来说，HRT 与每天进料量互为函数即

$$\text{每天的进料量}(\mathrm{m}^3)=\frac{\text{消化器的有效容积}(\mathrm{m}^3)}{HRT(\mathrm{d})}$$

例如，一个消化器有效容积为 100 m^3，每天进料量为 5 m^3，则 HRT 为 20 d。同样，如果知道了 HRT，也可求出每天的投料量。无论是半连续投料运行，还是连续投料运行的消化器都可以根据 HRT 来确定投料量，在生产上习惯使用投配率一词，即每天进料体积占消化器有效容积的百分数，按下式计算：

$$\text{投配率}=\frac{\text{每天进料体积}(\mathrm{m}^3)}{\text{消化器有效容积}(\mathrm{m}^3)}\times 100\%$$

按此公式计算前面举例消化器的投配率则为 5%，而 HRT 则为投配率的倒数即 20 d。当消化器在一定容积负荷条件下运行时，其 HRT 与发酵原料有机物含量呈正比，有机物含量越高，HRT 则越长，这有利于提高有机物的分解率。降低发酵原料的有机物浓度或增加消化器的负荷都会使 HRT 缩短，但过短的 HRT 会使大量沼气发酵细菌从消化器里冲走，除非采取一定措施将固体和微生物滞留，否则有机物的分解率和沼气产量就会大幅度降低，消化器的运行将难以稳定。

图 5-12 所示为牛粪高温沼气发酵时 HRT 与甲烷产率的关系曲线，从图中可以看出，当 HRT 减少到 1.6 d 时，甲烷产率急剧下降为零。因为这一时间，小于活性污泥中产甲烷菌的增代时间，也就是说甲烷菌还没有来得及繁殖一代，已被料液冲走，这是因为产甲烷菌比产酸菌繁殖速度慢，产甲烷菌更容易从消化器里

冲出。这个时间称为极限滞留期。在稍大于极限滞留期的情况下，由于产甲烷菌得到增殖，并有足够的原料可以利用，因而甲烷产率急剧上升，当达到产气最高峰时，其响应滞留期 2.9 d，即为最佳滞留期。这时的原料利用速度最高，虽可获得最高的产气率，但因原料在消化器内停留时间太短而不能得到充分消化。所以原料的转化率较低。

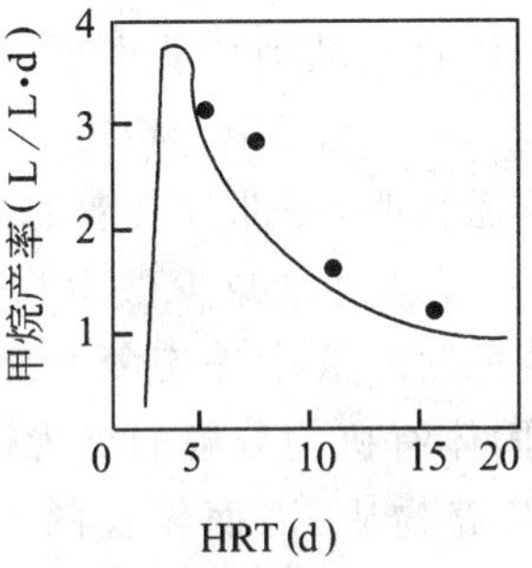

图5-12　HRT与甲烷产率的关系曲线

但原料转化率逐渐上升(表 5-2)，在生产过程中，可根据发酵目的的不同，选择适合的 HRT，如以生产沼气为主则可适当地靠近最佳滞留期，如从环境保护为主考虑，则应适当延长 HRT。

表 5-2　牛粪不同滞留期的产气率与原料利用率

滞留期(d)	4	6	12
产气率[$m^3/(m^3 \cdot d)$]	6.29	4.96	2.89
原料利用率(%)	39.8	46.1	52.8

确定了 HRT 后，对一个每天污水产量一定的工程来说，就可以得出消化器的体积。例如，一个 1 000 头的猪场，每头猪每天产生污水量为 25 L，则每天共产生污水 25 m^3，如果 HRT 定为 10 d，则消化器的有效容积为 250 m^3，为防止发酵液产生的泡沫堵塞导气管，所以常留 10%体积作为缓冲，因此，消化器有效容积只占消化器总体积的 90%。这样即可按下式求出消化器体积：

$$消化器体积=\frac{每天的污水量(m^3)\times HRT(d)}{消化器有效容积(\%)}$$

则上面举例猪场的消化器体积为：

$$该猪场消化器体积=\frac{25\times10}{90\%}=277.8(m^3)$$

常规消化器的设计是根据 HRT，然而在大型沼气工程的设计上常根据消化器的容积负荷而定。一般可溶性有机物容易分解，固体有机物分解较慢，所以固体滞留期(SRT)就显得更为重要。

2. 固体滞留期(SRT)

固体滞留期是指悬浮固体物质从消化器里被置换的平均时间。在一个混合均匀的完全混合式消化器里，SRT 与 HRT 相等。而在一个非完全混合式消化器里，当消化器在长的 SRT 运行时，一部分衰老的微生物细胞被分解，为新生长的微生物提供了营养物质，这样就可以减少微生物对原料的营养要求。由于蛋白类物质的分解率提高，因而发酵液中铵态氮含量也随 SRT 的延长而逐渐上升。一方面因 SRT 的延长固体有机物分解的更为彻底；另一方面因衰亡微生物的分解使细菌得到更多的营养物质，因而较长的 SRT 使污泥的甲烷化活性提高，污泥的沉降性能得到改善。所以，高悬浮固体有机物的厌氧消化应设法得到比 HRT 长得多的 SRT，是至关重要的。在消化器里，沼气发酵微生物常附着于固体物表面而生长，SRT 的延长也增加了微生物的滞留期，因此，除附着膜式消化器外，SRT 与 MRT 是难以分开的，所以 SRT 的延长也同时增加微生物的量，减少了微生物的冲出。这也是在长的 SRT 条件下固体有机物具有较高分解率的原因之一。

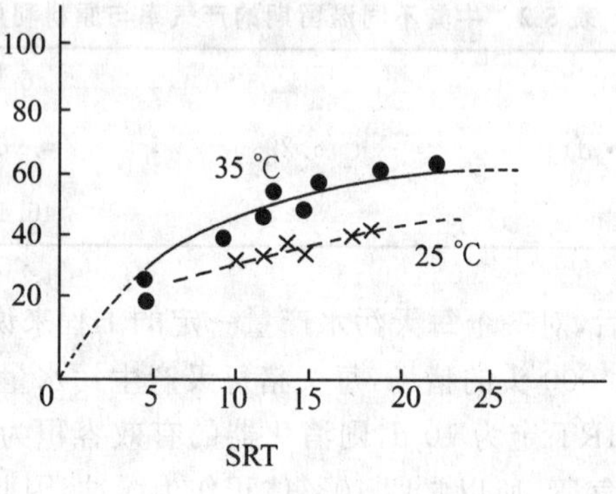

图 5-13 生污泥中 VSS 的降解与 SRT 的关系曲线

3. 微生物滞留期(MRT)

微生物滞留期指从微生物细胞的生成到被置换出消化器的平均时间。在一定条件下，微生物繁殖一代的时间基本稳定，如果 MRT 小于微生物增代时间，微生物将会从消化器里被冲洗干净，厌氧消化将被终止。如果微生物的增代时间与 MRT 相等，微生物的繁殖与被冲出处于平衡状态，则消化器的消化能力难以增长，消化器则难以启动。如果 MRT 大于微生物增代时间，则消化器内微生物的数量会不断增长。可见在一定条件下，消化器的效率与 MRT 呈正相关。如果 MRT 无限延长，则老细胞会不断死亡而被分解掉。这样可使微生物的繁殖和死亡处于平衡状态，就不会有多余的微生物排出。因此，延长 MRT 不仅可以提高消化器的处理有机物的效率，并且可以降低微生物对外加营养物的需求，还可减少污泥的排放，减少二次污染物的产生。

当处理低浓度有机污水时，在 HRT 很短的情况下运行，这样必须设法延长 MRT 来维持厌氧消化过程的产酸与产甲烷的平衡。只有延长了 MRT 才能阻止生长缓慢的产甲烷菌的冲击，增加产甲烷菌在消化器内的积累，防止微生物生长不平衡现象的产生。

用什么方法来延长 MRT 呢？在完全混合式消化器里，MRT 与 HRT、SRT 相等，因此无法使 MRT 单独增加，所以完全混合型消化器必须有长的 HRT，负荷难以提高。要想使消化器有比 HRT 更长的 MRT，就必须使 HRT 与 MRT 分离，在污水经过消化器的条件下，使微生物滞留于消化器内，这就产生了 UASB 和厌氧滤器等使 HRT 与 MRT 分离的消化器类型，前者靠污泥的沉降而使微生物滞留，后者靠微生物附着于支持物的表面形成生物膜而滞留，这样就可使 MRT 大大延长，从而提高了消化器的效率，因而使消化器的负荷大幅度提高，并使厌氧消化器只适用于高浓度有机污水而发展到今天也可以用来处理低浓度污水。由此可见增加 MRT 在理论和时间上的重要性。

(二)厌氧消化器类别

根据 HRT、SRT 和 MRT 的不同，可将厌氧消化器分为 3 种类型(表 5-3)。第 1 类消化器为常规性消化器，其特征为 MRT、SRT 和 HRT 相等，即液体、固体和微生物混合在一起，在出料同时被淘汰，消化器内没有足够的微生物，并且固体物质由于滞留期较短而得不到充分消化，因而效率较低。第 2 类消化器为污泥滞留型消化器，其特征为通过各种固液分离方式，将 MRT 和 SRT 与 HRT 加以分离，从而在较短的 HRT 的情况下获得较长 MRT 和 SRT。即在发酵液排出时，微生物和固体物质所构成的污泥得到保留，因而称为污泥滞留型。第 3 类消化器为附着膜型消化器，其特征为在消化器内安放有惰性介质供微生物附着，使微生物呈膜状固着于支持物表面，在进料中，液体和固体穿流而过的情况下固着滞留微生物于反应器内，从而使消化器有较高的效率。

五、常规型消化器

（一）常规消化器

常规消化器也称常规沼气池，是一种结构简单、应用广泛的发酵装置（图 5-14）。该消化器无搅拌装置，原料在消化器内呈自然沉淀状态，一般分为 4 层，从上到下依次为浮渣层、上清液层、活性层和沉渣层，其中厌氧消化活动旺盛场所只限于活性层内，因而效率低。

表 5-3 厌氧消化器分类

类型	滞留期特征	消化器举例
常规型	MRT＝SRT＝HRT	常规消化器、塞流式、完全混合式
污泥滞留型	（MRT 和 SRT）＞HRT	厌氧接触工艺、升流式固体反应器、升流式厌氧污泥床
附着膜型	MRT＞（SRT 和 HRT）	折流式、厌氧滤器、流化床和膨化床

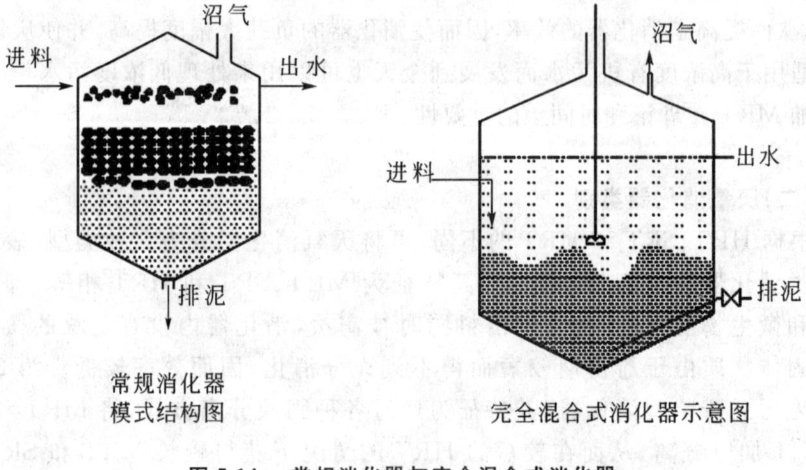

图 5-14 常规消化器与完全混合式消化器

1. 批量投料

批量投料是在沼气发酵的应用上最简单的工艺，其特点为在消化器启动时将原料和接种物一次投入消化器，直到产气停止或产气甚微时为止，再将发酵后的残余物全部取出，然后再重新投料进行启动。

批量投料的优点：适用于季节性产物和高固体原料；消化器结构简单、造价低；使用管理简单，适用于农村家庭及农场。

缺点为：投料启动后，微生物处于自然繁殖状态，产气量无法控制，因而难以做到均衡产气；高浓度原料启动时可能导致产酸和产甲烷的不平衡，从而导致因酸化使发酵失败。

2. 半连续投料

半连续投料即每隔一定时间进行投料一次，这样可使批量投料时无法控制的产气量得到控制。例如，水压式沼气池在以禽畜粪便为原料时，按半连续投料进行效果较好。在常温条件下，池温在 20 ℃以上时有机负荷为 1～2 kg COD/(m^3 · d)，产气率为 0.2～0.5 m^3/(m^3 · d)。

(二)完全混合式消化器(CSTR)

完全混合式消化器也称高速消化器，是以前使用最多、适用范围最广的一种消化器。但随着近来研究工作的深入，认识到该种消化器能耗大、能效比较低，应用范围逐渐缩小。

完全混合消化器是在常规消化器内安装了搅拌装置，使发酵原料和微生物处于完全混合状态，与常规消化器相比使活性区遍布整个消化器，其效率比常规消化器有明显提高，故名高速消化器。

该消化器常采用恒温连续投料或半连续投料运行，适用于高浓度及含有大量悬浮固体原料的处理，例如，污水处理厂好氧活性污泥的厌氧消化过去多采用该工艺。在该消化器内，新进入的原料由于搅拌作用很快与发酵器内的全部发酵液混合，使发酵底物浓度始终保持相对较低状态。而其排出的料液又与发酵液的底物浓度相等，并且在出料时微生物也一起被排出，所以，出料浓度一般较高。该消化器是典型的 HRT、SRT 和 MRT 完全相等的消化器，为了使生长缓慢的产甲烷菌的增殖和冲出速度保持平衡，要求 HRT 较长，一般要 10～15 d 或更长的时间。中温发酵时负荷为 3～4 kg COD/(m^3 · d)，高温发酵为 5～6 kg COD/(m^3 · d)。

(三)塞流式消化器

塞流式也称推流式消化器，是一种长方形的非完全混合消化器，高浓度悬浮固体原料从一端进入，从另一端流出，原料在消化器的流动呈活塞式推移状态，在进料端呈现较强的水解酸化作用，甲烷的产生随着向出料方向的流动而增强。由于进料端缺乏接种物，所以要进行污泥回流。在消化器内应设置挡板，有利于运行的稳定。

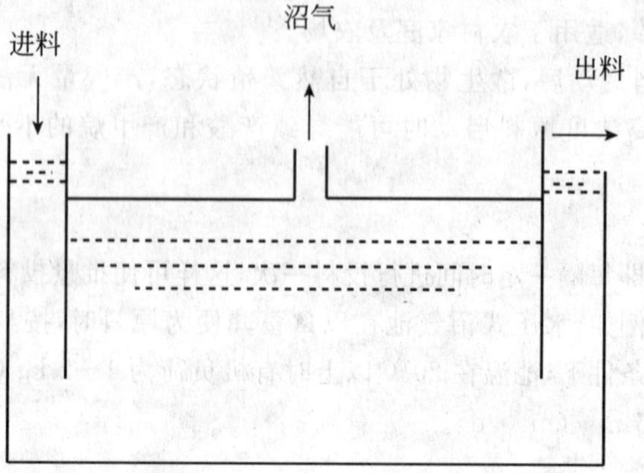

图 5-15 塞流式消化器示意图

塞流式消化器最早用于酒精废醪的厌氧消化，河南省南阳酒精厂于 20 世纪 60 年代初期即修建了隧道式塞流消化器，用来高温处理酒精废醪。发酵池温为 55 ℃左右，投配率为 12.5%，滞留期为 8 d，产气率为 2.25～2.75 $m^3/(m^3 \cdot d)$，负荷为 4～5 kg $COD/(m^3 \cdot d)$，每立方米酒醪可产沼气 23～25 m^3。

塞流式消化器在牛粪厌氧消化上也广泛应用，因牛粪质轻、浓度高，长草多，本身含有较多产甲烷菌，不易酸化，所以，用塞流式消化器处理牛粪较为适宜(表 5-4)。该消化器要求进料粗放，不用去除长草，不用泵或管道输送，使用搅龙或斗车直接将牛粪投入池内。采用 TS 为 12%的浓度使原料无法沉淀和分层。生产实践表明：塞流式池不适用于鸡粪的发酵处理，因鸡粪沉渣多，易生成沉淀而大量形成死区，严重影响消化器效率。

表 5-4 塞流式消化器与常规沼气池比较

池型及体积	温度(℃)	负荷[$kgVS/(m^3 \cdot d)$]	进料(TS%)	HRT(d)	产气量(L/kg VS)	CH_4(%)
塞流式	25	3.5	12.9	30	364	57
($38.4\ m^3$)	35	7	12.9	15	337	55
常规池	25	3.6	12.9	30	310	58
($35.4\ m^3$)	35	7.6	12.9	15	281	55

六、污泥滞留型消化器

消化器的特征为通过采用各种固液分离方式使污泥滞留于消化器内，提高消化器的效率，缩小消化器的体积。包括厌氧接触工艺、升流式厌氧污泥床和升流式固体反应器等。

(一)厌氧接触工艺

该工艺是在全混合消化器之外加一个沉淀池，从消化器排出，沉淀污泥重新回流至消化器内，这样既减少了出水中的固体物含量，又提高了消化器内的污泥浓度，从而在一定程度上提高了设备的有机负荷率和处理效率。

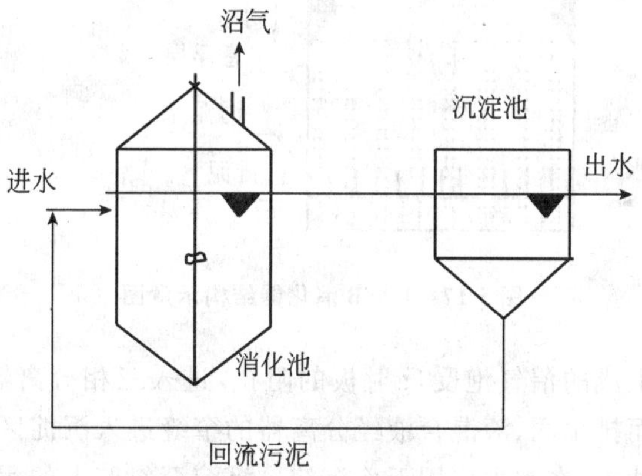

图 5-16　厌氧接触工艺示意图

实践表明：该工艺允许污水中含有较高的悬浮固体、耐冲击负荷，具有较大缓冲能力，操作过程比较简单，工艺运行比较稳定。

该工艺的优点与完全混合式消化器相同，并可采取较高的负荷率运行。其缺点是需要额外的设备来使固体和微生物沉淀与回流。

(二)升流式厌氧污泥床(UASB)

该消化器适用于处理可溶性废水，要求较低的悬浮固体含量。

1. UASB 的工作原理

消化器内部分为 3 个区，从下至上为污泥床、污泥层和气、液、固三相分离器。消化器的底部是浓度很高并且有良好沉淀性能和凝聚性的絮状或颗粒状污泥形成的污泥床，污水从底部，经布水管进入污泥床，向上穿流并与污泥床内的污泥混合，污泥中的微生物分解污水中的有机物，将其转化为沼气。沼气以微小气泡形式不断放出，并在上升过程中不断合并成大气泡。在上升的气泡和水流的搅动下，消化器上部的污泥处于悬浮状态，形成一个浓度较低的污泥悬浮层。在消化器上设有气、液、固三相分离器。

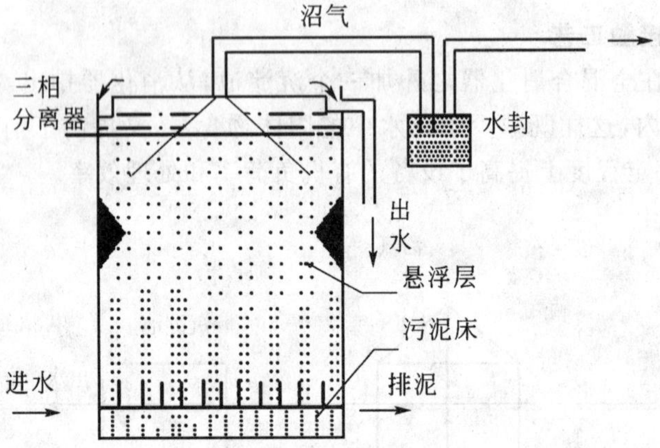

图 5-17 UASB 消化器结构示意图

在消化器内生成的沼气泡受反射板的阻挡，进入三相分离器下面的器室内，再由管道经水封而排出固、液混合液经分离器的窄缝进入沉淀区内由于污泥不再受到上升气流的冲击，在重力作用下而沉淀。沉淀至斜壁上的污泥沿斜壁滑回污泥层内，使消化器内积累起大量的污泥。分离出污泥后的液体从沉淀区上表面进入溢流槽而流出。

2. UASB 的启动与运行

UASB 的启动最大困难是获得大量性能良好的厌氧活性污泥。最好的办法是从现有的厌氧处理设备中取出大量污泥投入消化器进行启动，如有处理相同废水的污泥效果更好。如果没有相同废水的污泥，也可以选取沉降性能较好的鸡粪厌氧消化污泥、城市污水厌氧消化污泥或猪粪厌氧消化污泥等作为接种物。如果附近没有厌氧消化器可以取污泥，也可以在工程附近原排放污水的沟内寻找污泥作为接种物，但要筛除粗大固体物，并且沉淀出泥土沙石后方可进入消化器。总之，对作为接种物的污泥有两点要求：一是能够适应将要处理的有机物，特别是在处理有毒物质时这一点更重要；二是要污泥具有良好的沉降性能。例如，用消化过的鸡粪作为接种物就比猪粪好，因鸡粪沉降性能好，并且比较细碎有利于颗粒污泥的形成。

启动过程应注意以下几点：最初污泥负荷应低于 0.1～0.2 kg COD/(kg VSS×d)；污水中的各种挥发酸未能有效分解之前不应提高反应器负荷；环境条件应有利于沼气发酵细菌的繁殖。如能注意以上几点，在启动运行 6～12 周内，在温度约 30 ℃的条件下，污泥负荷可达 0.5 kg COD/(kg VSS×d)，对所处理的废水大多数都有满意的处理效果。

在 UASB 内虽设有三相分离器，但出水中仍带有一定数量污泥，特别是在工艺控制不当时，常会造成大量跑泥。在正常运行时，少量活性污泥会因进水中的悬浮固体或气泡的夹带而随水冲出，污泥过满，也会使出水中污泥增多，这时应及时排放剩余污泥。在冲击负荷的条件下，可能导致污泥过度膨胀，也可大量流失污泥。

为了减少出水中所夹带的污泥，可在 USAB 反应器后设置一个沉淀池，将所沉淀的污泥送回反应器内。沉淀池的 HRT 可采用 2 h，每天回流污泥一次至污泥床与污泥层交界处。设置沉淀池的好处是：污泥回流可加速污泥的积累，缩短投产期；去除悬浮物，可改善出水水质；当偶因工艺控制不当造成大量跑泥时，可回收污泥；污泥回流入消化器内做进一步分解，可减少剩余污泥排放量。

(三)内循环(IC)厌氧反应器

内循环(Internal Circulation)厌氧反应器是目前世界上效能最高的厌氧反应器。该反应器是集 UASB 反应器和流化床反应器的优点于一身，利用反应器所产沼气的提升力实现发酵料液内循环的一种新型反应器。

IC 反应器的基本结构如图 5-18 所示，如同把两个 UASB 反应器叠加在一起，反应器高度可达16～25 m，高径比可达 4～8。在其内部增设了沼气提升管和回流，上部增加了气液分离器。该反应器启动时，投入了大量颗粒污泥。运行过程中，用第一反应室所产沼气经集气罩收集并沿提升管上升作为动力，把第一反应室的发酵液和污泥提升至反应器顶部的气液分离器，分离出的沼气从导管排走，泥水混合液沿回流管返回第一反应室内，从而实现了下部料液的内循环。如处理低浓度废水时循环流量可达进水量的 2～3 倍，处理高浓度废水时内循环流量可达进水量的 10～20 倍。结果

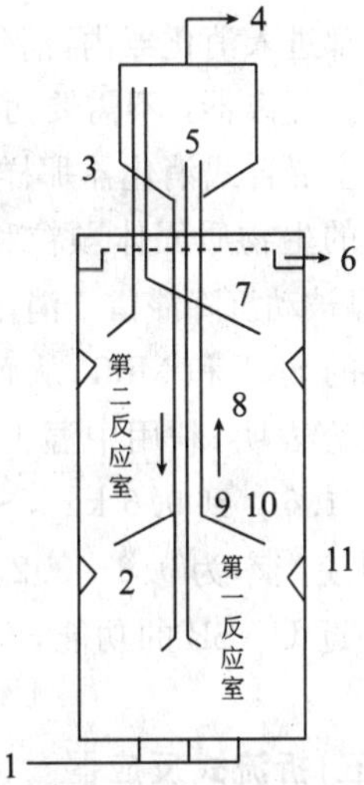

1.进水管；2.回流管；3.集气管；4.沼气导管；5.气液分离器；6.出水管；7.沉淀区；8.第二反应室集气罩；9.沼气提升管；10.第一反应室；11.气封

图 5-18 IC 反应器构造原理示意图

使第一厌氧反应室不仅有很高的生物量，很长的污泥滞留期，并且有很大的升流速度，使该反应室的污泥和料液基本处于完全混合状态，从而大大提高第一反应室的去除能力，经第一反应室处理的废水，自动进入第二厌氧反应室。

废水中的剩余有机物可被第二反应室内的颗粒污泥进一步降解，使废水得到更好的净化。经过两级处理的废水在混合液沉淀区进行固液分离，清液由出水管排出，沉淀的颗粒污泥可自动返回第二反应室。这样废水完成了全部处理过程。

(四)升流式固体反应器(USR)

升流式固体反应器是一种结构简单，适用于高悬浮固体原料的消化器。它的结构如图5-19所示。USR是一种简单而又低值的反应器，它能自动形成比HRT较高的SRT和MRT，未反应生物固体和微生物靠自然沉淀滞留于反应器内，可进入高SS原料如畜禽粪水和酒精废液等，而且不需要出水回流和气/固分离器。原料从底部进入消化器内，消化器内不需要安置三相分离器，不需要污泥回流，也不需要完全混合式消化器那样的搅拌装置，未消化的生物质固体颗粒和沼气发酵微生物，靠被动沉降滞留于消化器内，上清液从消化器上部排出，这样就可以得到比HRT高得多的SRT和MRT，从而提高了固体有机物的分解率和消化器的效率。

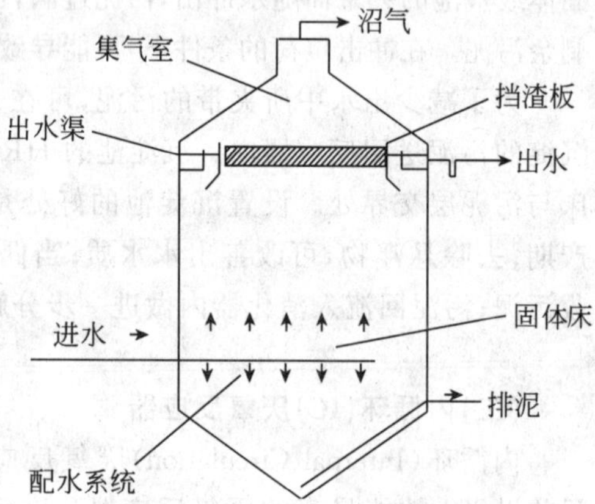

图5-19 USR消化器示意图

研究表明：利用中温USR，在TS浓度平均为12%海藻的沼气发酵时，其负荷范围从1.6 g到9.6 kg VS/(m^3·d)，其甲烷产量为0.38～0.34 m^3/kg VS加入，并且甲烷产率为0.6～3.2 m^3/(m^3·d)，这个效果明显比完全混合式要好得多，其效率接近UASB的功能，但UASB必须严格使用可溶性原料。

(五)折流式反应器

折流式反应器的结构如图5-20所示，在这种消化器里，由于挡板的阻隔使污水上下折流穿过污泥层，每一个单元都相当于一个反应器。澳大利亚必胜公司曾采用同心圆折流方式处理酒精废醪及丙丁废醪。该种反应器的设计者认为每一个单元相当于一个反应器，而反应器的总效率等于各反应器之和。但在我国近年来的实用过程中，除用于低浓度的生活污水等处理外，其效果一直欠佳，其原因，一是折流式将一个消化器分成若干小室，进料负荷全部集中于第一个小室中，这就造成第一个小室的严重超负荷运行，引起发酵池酸化，使产甲烷菌的活动受到抑制，导致发酵失败。二是在折流式反应器内，料液呈现塞流式流动，酸化了的第一室料液会逐渐把后面各室中的污泥推出并使之酸化。有人为了克服酸化现象采用回流污泥方式将产甲烷菌送入第一室内，因第一室在不断进料，所以，回流量小时起不到防止酸化的作用，回流量大时则出现完全混合，这时才能防止酸化。那样就不如用完全混合式反应器更为方便。

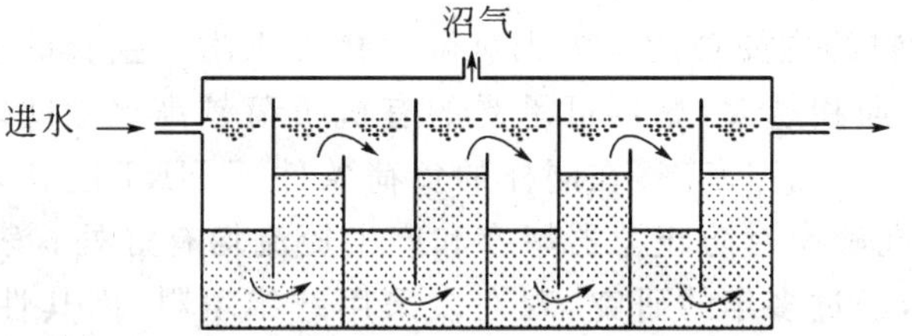

图 5-20　折流式反应器示意图

七、附着膜型消化器

这类消化器的特征是使微生物附着于安放在消化器内的惰性介质上，使消化器在允许原料中的液体和固体穿流而过的情况下，固定微生物于消化器内。应用或研究较多的附着膜反应器有厌氧滤器(AF)、硫化床(FBR)和膨胀床(EBR)。

(一)厌氧滤器

厌氧滤器是内部安置有焦炭、煤渣、塑料制品、合成纤维等惰性介质(又称填料)，沼气发酵细菌，尤其是产甲烷菌呈膜状附着于惰性介质上，并在介质之间的空隙互相黏附成颗粒状或絮状存留下来，当污水自下而上或自上而下通过微生物膜时，有机物被细菌利用而生成沼气(图 5-21)。

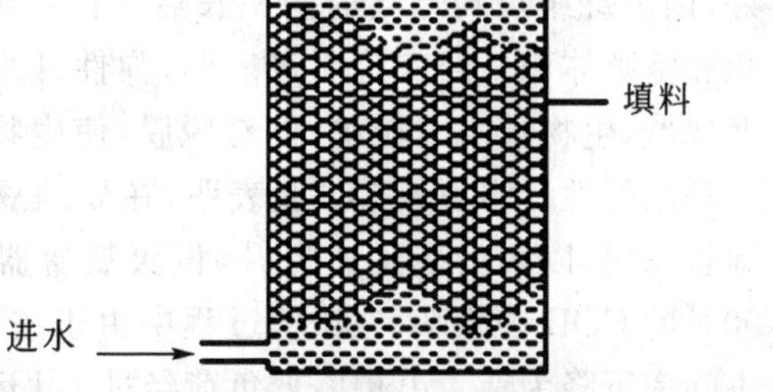

图 5-21　厌氧滤器示意图

随着污水的流动，固着的微生物群体也有所变化。在进料部位多为酸化菌，而沿着流动方向的延长，产甲烷菌则更多一些。生物膜中有大量甲烷丝菌，并且网络着一定数量的甲烷八叠球菌，这两类细菌都是食乙酸产甲烷菌，在消化器内它们是甲烷生成的主要菌类。生物膜的过多积累和在填料空隙中污泥的沉积，以及高SS原料的进入都会导致滤器的堵塞，在使用煤渣做填料时堵塞现象尤为严重，使用纤维填料后这种情况有所改善。附着生长的生物膜不易消失，从细菌生成到从膜上脱离可在消化器内滞留150～600 d，这样可在消化器内积累大量微生物，从而可利用厌氧过滤器处理COD浓度很低的污水。

在AF内，填料的主要功能是为厌氧微生物提供附着生长的表面积，一般来说，载体的比表面积越大，滤器可承受的有机负荷越高。除此之外，填料还要有相当的孔隙率。孔隙率高，在同样的负荷条件下HRT越长，有机物去除率越高，另外，高孔隙率对防止滤器堵塞和产生短流均有好处。表5-5表明了几种填料的特性，经过多年的研究，现在多采用纤维填料，因其性能和造价均较其他原料优越。

表5-5　各种填料的特性

填料种类	重量（kg/m^3）	比表面积（m^2/m^3）	孔隙率（%）	价格（元/m^3）
碎石			46	
陶土制品		141	69	
贝壳		161	80	
硬塑蜂窝填料	42	210	98	600
软纤维填料	3～4	2 472	≥99	200
弹性纤维填料	3～4	265～350	≤97	300

而在纤维填料中，近年来研制成功的弹性纤维填料的性能又比软纤维填料要好，因软纤维填料运行时间稍长后往往纤维之间造成粘连并结球，因而缩小表面积和空隙体积。经实验测定表明，弹性纤维填料实用比表面积大，不易结球与堵塞滤器，生物膜生成较快，也易脱膜，使生物膜更新迅速，有机负荷较高。同济大学利用弹性纤维填料的试验表明，在处理豆制品废水时，挂膜驯化阶段仅用21 d即告完成，以后负荷迅速提升，该厌氧滤器在负荷10 kg/COD(m^3·d)时，仍有90%的COD去除率，在试验过程中由于进料泵调节失准，使负荷猛烈加大，COD去除率下降为期4 d，但降低负荷经过1 d运行后，消化器功能即恢复正常，说明该体系受到冲击负荷破坏后恢复较迅速，而污泥滞留型消化器如因冲击负荷污泥大量流失后则恢复较慢，这是附着膜型消化器的一大优点。

表 5-6 利用弹性纤维填料进行豆制品废水厌氧消化实验数据

负 荷 [kg COD/(m^3·d)]	HRT (d)	进水 COD (mg/L)	出水 COD (mg/L)	COD 去除率 (%)
5.5	2.96	13 840	1 061	92.3
10.4	1.39	14 450	1 462	89.9
15.1	0.83	13 210	2 425	81.6
19.5	0.70	13 640	3 469	74.6

(二)硫化床和膨胀床(FBR 和 EBR)

硫化床和膨胀床(图 5-22)内部填有像沙粒一样大小的(0.2～0.5 mm)惰性(如细沙)或活性(如活性炭)颗粒供微生物附着,如焦炭粉、硅藻土、粉煤灰或合成材料等,当有机污水自下而上穿流过细小的颗粒层时,污水及所产气体的气流速度足以使介质颗粒呈膨胀或流动状态。每一个介质颗粒表面都被生物膜所覆盖,其比表面积可达 300 m^2/m^3,能支持更多的微生物附着,创造了比 HRT 更长的 MRT,因而使消化器具有更高的效率。这两种反应器可以在相当短的 HRT 的情况下,允许进料中的液体和少量固体物穿流而过,适用于容易消化的低固体物质含量有机污水的处理。

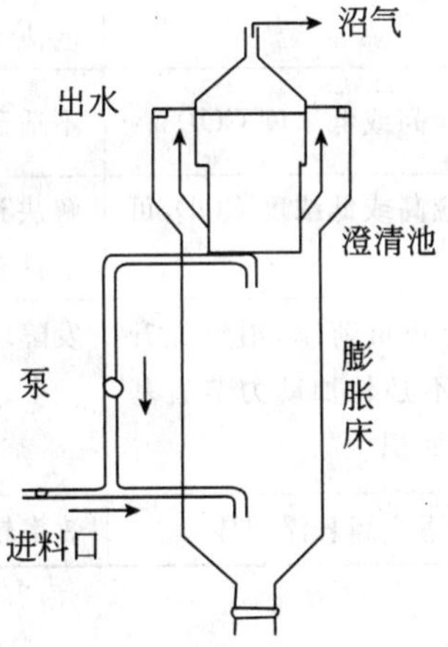

图 5-22 硫化床和膨胀床

这个系统的优点是:有更大的比表面积供微生物附着,可以达到更高的负荷,因为有高浓度的微生物使运行更稳定,能承受负荷的变化,在长时间停运后可更快的启动,可以利用固体物质含量低的原料,消化器内混合状态较好。其缺点:为使颗粒膨胀或流态化需要高的能耗和维持费，支持介质可能被冲出，损坏泵或其他设备，在出水中回收介质颗粒势必要花更多的钱，不能接受高固体含量的原料，需要较长的启动期，可能需要脱气装置从水中有效地分开介质颗粒和悬浮固体。

表 5-7 各种常用厌氧处理工艺的优、缺点

工艺类型	优 点	缺 点
沼气池	系统非常简单，高 SS 浓度	低负荷，需要较大池容
常规消化器	结构简单	效率较低
完全混合式消化器	适用于高浓度及含有大量悬浮固体原料的处理	需要消化器体积较大；能量消耗较高
塞流式消化器	不需搅拌装置，结构简单，能耗低；适用于高 SS 废物的处理外，尤其适用于牛粪的消化；运转方便，故障少，稳定性能高	固体物可能沉淀于底部，影响消化器的有效体积，使 SRT 降低；需要固体和微生物的回流作为接种物；因该消化器面积/体积比值较大，难以保持一致的温度，效率较低；易产生结壳
厌氧接触工艺	适应中等浓度 SS，并可采取较高的负荷率运行	其缺点是需要运行经验，需要额外的设备来使固体和微生物沉淀与回流
厌氧滤池	运行简单，适应高或低浓度 COD	不适于废水 SS 含量高，有堵塞危险
UASB 工艺	运行简单，适应高或低浓度 COD，可能适应极高负荷	解决运转问题需要技巧，不适宜废水具有高 SS 的情况
IC	具有很高的容积负荷率，沼气提升实现内循环，不必外加动力节省基建投资和占地面积	发酵塔高度太高，不方便施工
USR	简单，造价低，适应高悬浮固体	效率较低、产气率低

【经验之谈】

1. 消化器启动时应注意哪些事项？

(1)投入原料底物的浓度不能太高，尤其是葡萄糖类等物质不能太多。

(2)投入大量厌氧活性污泥，使消化器内一开始就有很多产甲烷菌群。

2. 消化器运行阶段应采取哪些措施？

主要采取以下两点措施：

(1)控制消化器负荷，即每单位体积消化器每日投入有机物的量波动不能太大，浓度保持相对稳定。

(2)设法减少消化器出料时产甲烷菌的流失。

以上这些措施也要根据原料的不同、不同的厌氧消化工艺等因素相配合使用。

3. 不同的原料及不同的发酵浓度所需的粪便量及加水量有何要求?

不同发酵原料在不同季节的投放量详见表(表 5-8)：

表 5-8　不同发酵原料在不同季节的投放量

发酵原料	含水量(%)	含干物质量(%)	夏季(浓度为 6%)			冬季(浓度为 10%)		
			投粪量(%)	加水量(%)	投粪量：加水量	投粪量(%)	加水量(%)	投粪量：加水量
鲜牛粪	83.0	17.0	35	65	1：2	59	41	3：2
鲜马粪	78.0	22.0	27	73	3：8	45	55	1：1
鲜猪粪	82.0	18.0	33	67	1：2	55	45	1：1
鲜人粪	80.0	20.0	30	70	3：7	50	50	1：1
鲜鸡粪	70.0	30.0	20	80	1：4	30	70	3：7

第二节　大中型沼气工程技术实训

【基本知识】

同小型沼气工程一样，大中型沼气也包括试检验、联动试运行，原料的前处理、投料启动与运行管理等工作环节。

一、沼气脱硫

(一)沼气脱硫的特点

从多年沼气工程运行的情况来看，它与城市天然气工程相比，具有以下几个特点：

(1)沼气中的硫化氢的浓度受发酵原料或发酵工艺的影响很大，原料不同，沼气中的硫化氢含量变化也很大，一般在 0.8～14.5 g/m^3 之间，其中以糖蜜废水及城粪发酵后，沼气中的硫化氢含量为最高。早期曾采用醋酸锌化学分析法，对 4

个行业13个工厂(场)进行的现场测定,其结果如表5-9所示。

表5-9　不同发酵原料所产沼气中H_2S的含量　mg/L

行业	单位数	最低	最高	平均
酒厂	4	0.8	1.08	1.15
食品屠宰场	2	1.6	1.8	1.7
禽畜场	5	0.028	4.5	1.79
城粪处理厂	2	1.5	14.5	7.95

(2)沼气中的二氧化碳含量一般在35%～40%之间,而人工煤气中的二氧化碳只占总量的2%,由于二氧化碳为酸性气体,它的存在对脱硫带来不利影响。

(3)沼气工程的规模较小,产生压力较低,不宜采用湿法脱硫。由于工程小,一般不设专业人员管理,为了便于日常运行管理,在大中型沼气工程中,多采用以氧化铁为脱硫剂的干法脱硫。但是,近年来某些工程也开始试用生物脱硫法。

(二)脱硫原理

1. 氧化铁脱硫

在常温下沼气通过脱硫剂的床层,沼气中的H_2S与活性氧化铁接触,生成三硫化铁,然后含有硫化物的脱硫剂与空气中的氧接触,当有水存在时,铁的硫化又转化为氧化铁和单体硫。这种脱硫再生过程可循环进行多次,直至氧化铁脱硫剂表面的大部分孔隙被硫或其他杂质覆盖而失去活性为止。脱硫反应为:

$$Fe_2O_3 \cdot H_2O + 3H_2S \longrightarrow Fe_2S_3 \cdot H_2O + 3H_2O + 63\ kJ$$

再生反应为:

$$Fe_2S_3 \cdot H_2O + 1.5O_2 \longrightarrow Fe_2O_3 \cdot H_2O + 3S + 609\ kJ$$

再生后的氧化铁可继续脱除沼气中的硫化氢。上述两式均为放热反应,但是,再生反应比脱硫反应要缓慢。为了使硫化铁充分再生为氧化铁。工程上往往将上述两个过程分开进行。

2. 生物脱硫

生物脱硫是利用无色硫细菌,如氧化硫杆菌、氧化亚铁硫杆菌等,在微氧条件下将硫化氢氧化成单质硫。这种脱硫方法已在德国沼气脱硫中广泛使用,在国内某些工程中也采用,其优点是:不需要催化剂、不需处理化学污泥,产生很少生物污泥、耗能低、可回收单质硫、去除效率高。这种脱硫技术的关键是如何根据硫化氢的浓度来控制反应中供给的溶解氧的浓度。

(三)氧化铁脱硫剂种类及技术性能

在干法脱硫中氧化铁脱硫被广泛采用，它在常温下能够脱除沼气中的硫化氢。

1. 氧化铁脱硫剂的种类

氧化铁脱硫剂分为天然沼铁矿、人工氧化铁、转炉炼钢赤泥及硫铁矿灰等。其中转炉炼钢赤泥中含有45%～70%的氧化铁，主要是γ-$Fe_2O_3 \cdot H_2O$及γ-Fe_2O_3。硫铁矿灰是硫酸厂的副产品，硫铁矿灰中的活性氧化铁除含α-$Fe_2O_3 \cdot H_2O$外，还含γ-$Fe_2O_3 \cdot H_2O$，一般在12%左右。

沼气中因含二氧化碳较高，如果H_2S为2～3 g/m^{3}时，难以保证净化后的沼气中H_2S低于20 mg/m^3。因此，对炼钢赤泥或硫铁矿灰需经过处理，以提高其一次硫容及累积硫容。将活化处理后的转炉炼钢赤泥或铁矿灰作为原料，配以一定比例的催化剂、碱、黏结剂及烧失剂，可制成环形、球形或条形等成型脱硫剂。成型脱硫剂的优点是活性高，床层阻力小(使用初期一般为50～70 Pa/m)，操作简单，容易再生，脱硫装置小，处理气量大，适用于高空的脱硫装置。

2. 氧化铁脱硫剂的技术性能

评价氧化铁脱硫剂的性能优劣，不单纯以Fe_2O_3的含量多少为依据，而是根据其中的氧化铁的晶型判断其活性。脱硫剂中易与H_2S反应的只有α-$Fe_2O_3 \cdot H_2O$及γ-$Fe_2O_3 \cdot H_2O$两种形态，反应生成三硫化二铁容易再氧化为活化形式的氧化铁。根据上述得知脱硫剂的一次硫容(一次硫容是指一定重量的脱硫剂，首次脱除沼气中的硫化氢直至找其出口硫化氢含量刚刚超过标准规定的浓度20 mg/m^{3}时，所脱除的硫重量与脱硫剂重量的比值)。目前，虽然我国生产脱硫剂的厂家不少，但还处于较低水平，尤其对于含二氧化碳及硫化氢较高的沼气来说，性能不够理想。不仅费工、费时，而且处理沼气所需费用也较高。因此，选用一种适合沼气脱硫且效果好的脱硫剂是非常重要的。根据用户使用情况的调查，目前，按一次硫容高低，比较好的有TT-1型、TG型及PM型成型脱硫剂，其一次硫容在13%～19%之间。

此外，成型脱硫剂还具有以下性能：

(1)一定的空隙率：因为活性氧化铁与硫化氢的反应是通过脱硫剂本身的空隙及大小不同的孔径进行吸附的过程。一般来说，脱硫剂本身孔隙率大，比表面积也大，而堆密度反而降低有利于脱除H_2S。

(2)一定的强度：避免在装卸和运输过程中造成粉碎。

(3)较好的耐潮湿性:即遇水不粉化、不结成块状。因为在脱硫过程中原本松散的脱硫剂床层,即便是有少量脱硫剂粉化或遇水结快,不但增加了沼气通过床层的阻力损失,而且也易使脱硫短路,而影响脱硫效果。

(四)脱硫装置的种类

脱硫塔一般是由塔体、封头、进出气管、检查空、排污空、支架及内部木格栅等组成。根据处理沼气量的不同,在塔内可分为单层床或双层床。一般床层高度为1 m左右时,取单层床;若高度大于1.5 m,则取双层床。

沼气在塔内流动的方向可分为两种:一种是沼气自下而上流动,为了防止冷凝水沉积在塔顶部而使脱硫剂受湿,通常可在顶部脱硫剂上铺一定厚度的碎硅酸铝纤维棉或其他多孔性填料,将冷凝水阻隔;另一种是气流自上而下流动,塔内产生的冷凝水都聚集在塔底部,可通过排污阀定期排除。

从减少沼气的压力损失,便于更换脱硫剂的角度考虑,可将脱硫塔设计成以下3种形式:

1. 两分式吊框脱硫塔

沼气可从塔体中部进入,两头排除或是相反,其目的是增大流通面,减小线速度来降低阻力。吊、框可实现在塔外更换脱硫剂,这种形式适合于小气量、小直径的场合。各吊框之间的密封是设计塔结构的关键,否则将发生串气,降低脱硫剂的利用率和脱硫效率。

2. 中心管式脱硫塔

沼气从塔的下部进入,从中部引出。当更换脱硫剂时,打开底部放料阀,一层一层卸下。中心管既是导气管又是卸料管,该塔具有减小气速、降低阻力的功能。

3. 分层式径向型脱硫塔

可装粉状脱硫剂,沼气从塔底进入内筒,沿径向穿过脱硫剂床层,然后顺着外筒与塔壁的环隙,从下部引出。其特点是流通截面大、气压降低,气体是变速通过床层。更换脱硫剂时,可用专门的抽真空卸料装置,也可抽动内筒从塔底将脱硫剂卸下。径向结构一般适合于直径大于3 m的场合。内筒、外筒的布孔及防止分层短路,是该脱硫塔设计的关键。

(五)脱硫装置的设计

根据当前大中型沼气工程的实际情况及H_2S的浓度范围采用:

一级脱硫:H_2S在2 g/m^{3}以下;二级脱硫:H_2S在2~5 g/m^3;三级脱硫:H_2S在

5 g/m^3以上。如果 H_2S 在 10 g/m^3 以上，最好先采用湿法粗脱，再用氧化铁进行精脱。

1. 床层高度确定

床层高度与脱硫剂的利用率密切相关。短而粗的脱硫塔床层低，虽然阻力较小，但因脱硫剂的"饱和度"小，使脱硫剂利用率低。当采用分层装填时，有利于克服由于偏流或局部短路而引起的"早泄"现象，改善并提高脱硫效果。床层高度超过 1.5 m 以上时，可采用双层。

2. 床层高度和塔径比的关系

氧化铁脱硫是一个化学吸附过程，在吸附的各个时期，脱硫床层可分为备用区、工作区和饱和区。工作区是指床层内执行脱硫职能的部位。工作区的高低与脱硫剂的活性、空速有关。根据 TTL 型脱硫剂的试验结果，在空速为 50 L/h 以下，H_2S 浓度为 1～3 g/m^3 时，脱硫剂床层高度为塔径的 3～4 倍。

3. 脱硫剂的更换时间

脱硫剂的使用周期和更换时间是与脱硫剂的技术性能，即工作硫容及填装量成正比，与沼气中 H_2S浓度及日处理气量成反比。对于中小型沼气工程，既要考虑脱硫设备的大小及所占场地，又要考虑到频繁地更换脱硫剂给运行带来的不便，一般取脱硫剂的更换期为 6 个月较适合。通过下式可计算出脱硫剂的装填量：

$$G=tCV/1\,000\,s$$

式中：G——脱硫剂装填量(kg)；

t—脱硫剂使用时间(d)；

s—脱硫剂饱和硫容(%)；

C—沼气中 H_2S 含量(g/m^3)；

V—日处理沼气量(m^3/d)。

4. 脱硫装置的结构、材质

(1)脱硫塔一般采用 A_3 或 A_{3F} 钢板焊接制造。

(2)塔内表面应涂两道防锈漆或环氧树脂；外表面涂 1～2 道防锈漆。

(3)封头密封采用石棉橡胶或氯丁橡胶。

(4)温度监视采用 WNG-12 型直角式金属保护管玻璃温度计，其位置设在距床层底部 100 mm 处。

(5)液位显示在脱硫塔下部低于进气口的位置，采用有机玻璃显示液位，防止冷凝水积聚在底部而影响脱硫剂正常工作。

(6)观察镜可设在床层上部 50 mm 处，采用有机玻璃以便观察床层变化，掌握脱硫剂的再生时间。

(六)脱硫工艺流程、系统安装及安全操作

1. 脱硫工艺参数

成型氧化铁脱硫剂在使用时,除了受脱硫剂自身结构影响之外,还与脱硫的工艺条件(如碱度、湿度和温度等)密切相关。选择适宜的操作条件,不仅能充分发挥脱硫剂的活性,而且还能延长脱硫剂的使用寿命,提高沼气的净化程度。

经过多年运行经验并结合成型脱硫剂的特点,提出脱硫的主要运行参数为:

(1)温度控制在15～30 ℃。

(2)脱硫剂的水分在10%～15%。

(3)脱硫剂的pH应大于9。

(4)脱硫剂的床层阻力应小于100 Pa/m。

(5)通过脱硫塔的压力为常压。

2. 脱硫工艺流程

整个脱硫系统包括水封、气水分离器、脱硫塔、气体流量计等。如图5-23所示。根据设计要求,脱硫塔可以串联,也可以并联或两并一串的灵活方式。

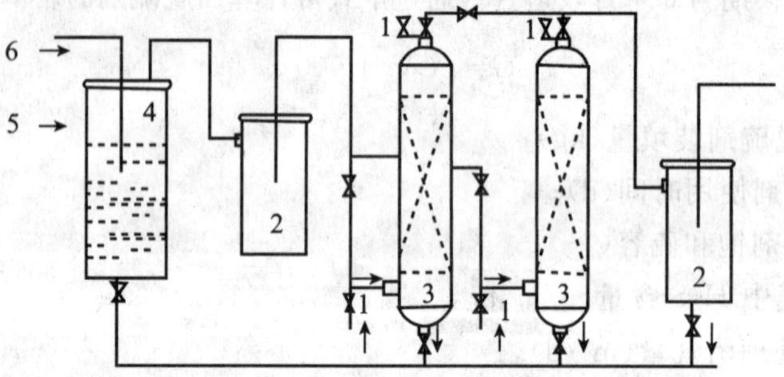

脱硫工艺流程

1.再生通气放散阀;2.气水分离器;3.脱硫塔;
4.木封;5.自来水入口;6.沼气入口

图5-23　串联式脱硫工艺流程

(1)沼气在进入脱硫系统前,如是中温或高温,而且发酵装置距脱硫系统很近时,必须经过冷却,然后经过水封、气水分离后才进入脱硫塔,脱硫后再次进行气水分离,最后经计量后,送至贮气柜或管路。

(2)气水分离器的作用是沼气经水封后被水饱和,而每一种脱硫剂在运行中均有其最佳的含水量,只有在该条件下脱硫剂才具有较高活性。气水分离器的作用，就是将沼气中的水分，降至脱硫剂所需要的含水量。另外，沼气脱硫时温度升高，当排出脱硫塔后，其中所含水蒸气遇冷形成冷凝水，易堵塞管路、阀门，特别是计量仪表，使其锈蚀、失灵。因此，在计量表前应再次进行气水分离。

二、沼气的贮存

大中型沼气工程，由于厌氧消化装置工作状态的波动及进料量和浓度的变化，单位时间内沼气的产量也有所变化。当沼气作为生活用能进行集中供气时，由于沼气的生产是连续的，而沼气的使用是间歇的，为了合理、有效地平衡产气与用气，通常采用贮气的方法来解决。

大中型沼气工程一般采用低压湿式贮气柜，少数用干式贮气柜（柔膜式、橡胶贮气袋或高压罐）来储存沼气。在选择贮气柜时应该很慎重，要考虑金属耗料的多少，压力使用是否合理等问题。

（一）低压湿式贮气柜

低压湿式贮气柜属可变容积金属柜，它主要由水槽、钟罩、塔节以及升降导向装置所组成。当沼气输入气柜内储存时，放在槽内的钟罩和塔节依次（按直径由小到大）升高；当沼气从气柜内导出时，塔节和钟罩又依次（按直径由小到大）降落到水槽中。钟罩和塔节、内侧塔节与外侧塔节之间，利用清水等封闭将柜内沼气与大气隔绝。因此，随塔节升降，沼气的储存容积和压力是变化着的。

1. 特点

湿式贮气柜虽有结构简单、容易施工、运行密封可靠的特点，小容量的贮气柜采用湿式柜比较经济，但存在以下缺点：

(1)在北方地区，冬季水槽要采取保温措施。

(2)水槽、钟罩和塔节、导轨等常年与水接触，必须定期进行防腐处理，使用年限仅为干式柜的一半。

(3)对储存沼气来说为无效体积。

(4)气柜的负重大，占地面积大，基础费用高。

2. 类型

根据导轨形式的不同，湿式贮气柜可分为：

(1)螺旋升降式气柜：由水槽、钟罩（多节或单节）、顶架、顶板、水封环、立标、螺旋导轨（一般与水平成 45°角）、导轮、扶梯等组成。

螺旋导轨焊在钟罩或塔节的外壁上，导轮设在下一节和水槽平台上，钟罩和塔节成螺旋式上升和下降。这种结构一般用在多节大型贮气柜上，其优点是没有外导架，因此用钢材较少，施工高度仅相当于水槽高度。缺点是抗倾覆性能不如有外导架的气柜，而且对导轨制造、安装精度要求高，加工较为困难。

(2)导架直升式气柜：导轮设在钟罩和每个塔节上，而直导轨与上部固定框架连接。这种结构一般用在单节或两节的中小型气柜上。其优点是外导架加强了贮气柜的刚性，抗倾覆性好，导轨制作安装容易。缺点是外导架比较高，施工时高空作业和吊装工作量较多，钢耗比同容积的螺旋导轨气柜略高。

(3)外导架直升式气柜：直导轨焊接在钟罩或塔节的外壁上，导轮在下层塔节和水槽上。这种气柜结构简单，导轨制作容易，钢材消耗小于外导架直升式，但它的抗倾覆性能最低，一般仅用于小的单节气柜上。

3. 构造

上述3种气柜的构造简述如下：

(1)水槽：有地上式或地下式两种，一般中、小型贮气柜和地基条件较好的地区，都采用地上式水槽，对经常有台风袭击的地区，常采用半地下以降低柜的高度，但对气柜的水槽施工要求较高，不能出现渗漏，对地下水槽可采用钢筋混凝土，从而可节省部分钢材，减少了防腐工作量及费用，并且冬季水池具有较好的保温性能。

(2)导轮与导轨：水湿式贮气柜的升降机构，导轮数量按贮气柜升足时所承受的风力、半边雪载及地震力等条件计算确定。

(3)立柱：是贮气柜钟罩侧壁板的骨架，未充气时，承受钟罩自重，其断面由稳定计算控制。

(4)钟罩侧壁板：作为一个整体的圆筒壳来考虑，目前钢板厚度通常采用3 mm。

(5)顶环：钟罩穹顶与侧壁板交界处的结构称为顶环，是贮气柜最重要的结构。当柜内无气时承受顶板、顶架的自重和雪载，是顶环受拉；充气后，顶环在内部气压和钟罩各节自重的作用下受压。

(6)顶架与顶板：顶架主要作用是安装和支撑顶板，未充气时承受顶板、顶架自重和雪载；充气后，顶板受气压作用与顶架脱离，顶架承受其自重和径向压力。顶架结构一般为拱架或衍架。顶板厚度一般与钟罩壁板厚度相同，但因防雷需要可采用4 mm。

(7)水封：是湿式贮气柜的密封机构。上挂圈和下挂圈之间形成“U”形水封，达到密封效果。

(8)基础：湿式贮气柜对不均匀沉降的敏感性强，过大的沉降量会引起导轮卡规，影响升降的灵活性及水封的密封效果。因此，在软地基上建湿式贮气柜时一般都采用桩基。

(二)低压干式贮气柜

低压干式贮气柜是由多边形或圆柱形外筒、沿外筒内面上下活动的活塞和密封装置以及底板、立柱、顶板组成。沼气储存在活塞以下部分,并随着活塞的上下移动而增减其贮气量。

1. 特点

(1)由于不需水槽,因此,可以大大地减少基础的荷重及费用。

(2)占地面积小,钢材耗用降低。

(3)积雪荷重由气柜顶承受,未直接作用在活塞上,因此,燃气压力不受积雪影响。

(4)储存的燃气可保持干燥状态。

(5)基础发生不均匀下沉容易补救。

(6)密封液可在-30 ℃气温下使用,寒冷地区无需考虑水封冻结问题。

(7)贮气压力基本上是稳定的,一般压力为 1 590～2 000 Pa,压力波动不大于 100～150 Pa。

但是,干式贮气柜的关键技术是对气体的密封问题,即如何防止在固定的外筒与上下活动的活塞之间滑动部分间隙的漏气问题。当燃气中含有水分时,冬季在活塞底部有可能结冰,使活塞弯曲不平;另对导轮及气柜内壁的平滑度要求较高,因而在制造过程中要费工时。

2. 密封方法

(1)稀油密封:在活塞的圆周部分设有油杯,油杯内充满密封的液体,密封液为循环使用。早期采用煤焦油作用为密封液,目前,密封液广泛采用润滑油系列的矿物油。该种密封方法属于 20 世纪 80 年代技术,但目前在储存大容量的燃气上仍在使用。

(2)柔膜密封:其密封机构由橡胶夹布和 T 挡板(或称套筒式护栏)组成。在外筒部下端与活塞边缘之间贴有可挠性的特殊合成树脂膜,该密封膜随活塞上下滑动而卷起或放下达到密封的目的。

(三)柔膜密封干式贮气柜

1. 构造

柔膜干式贮气柜是一种不用油和油脂及水密封的气柜。它借助于柔性合成橡胶与可以上下移动的活塞挡板相连接。气柜采用钢板焊接,沿周边设有立柱,立柱与基础采用地脚螺栓固定;柜体侧板设有水平加强筋,气柜顶盖为拱形球面,中央设通风口兼作入孔。气柜底板及侧板全高 1/3 的下半部要求气密,侧板其余 2/3 的上部及顶部要求气密。因此,可以任意设置洞口,以便工作人员进入活塞上部，这对检查及管理颇为有利。侧板气密部分的上端与活塞挡板及活塞之间，在活塞外周设有波纹板，它的作用可以补偿活塞在运行中由于密封膜位置的改变所引起的周长的变形，同时还承受内部燃气的压力。

当贮气柜内无燃气时，活塞全部落在底板上，T挡板侧停在周围略高的台上，当燃气从侧板下部进入柜内达到一定的压力值后，活塞开始上升，然后带动T挡板同时上升至最高点。而此时密封帘随着活塞及T挡板作卷上或卷下运动，在全部过程中没有摩擦。活塞与T挡板的运动依靠密封帘及平衡装置与侧板间的空隙而可以自动的调向中心，因此，活塞的升降运动非常圆滑，也很少倾斜。由于加重块安放在活塞上部，故可以增加贮气压力，一般为6 kPa。

2. 密封帘

密封帘的作用是密封气体，它是贮气柜的心脏，目前采用的密封帘多为尼龙车胎做底层，外敷氯丁合成橡胶或氰基丁二烯橡胶等材料。氯丁橡胶对一般工业用气体具有很好的耐腐蚀性。根据上述各点要求，密封帘在机械性能上应取较大的安全系数，以防止产生裂缝、褶纹、折坏，并且在贮气柜内要有适当的环状间隙。

3. 活塞调平装置

该装置是由活塞径向对称地引出两根钢绳，通过滑轮连接到同一配重块上，当这两个径向对称点发生倾斜时，与高点连接的钢绳就松弛，与低点连接的钢绳就拉紧，这样由配重所产生的重力，就全部作用在低点连接的钢绳上，从而把低点向上提高，使活塞重心保持水平。该调平装置共有三套，可保证活塞在各方向的水平度。同时，当活塞旋转时，也能自动将其调归原位置(图5-24)。

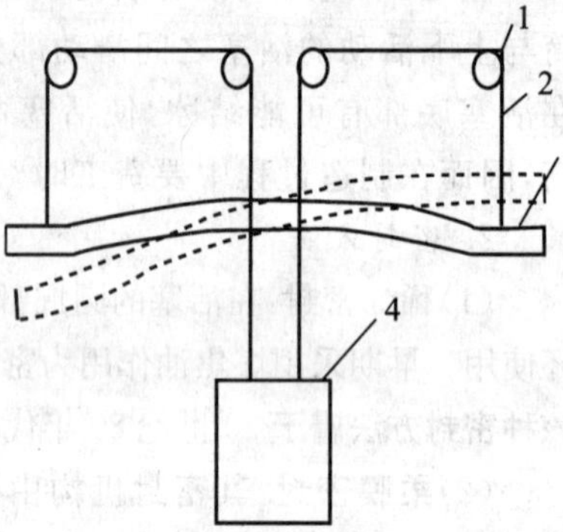

活塞调平装置

1.滑轮；2.钢丝绳；3.活塞；4.配重

图5-24 活塞调平装置示意图

4. 活塞挡板

它是一筒形钢结构组合架，与侧板形成空间，与橡胶密封膜连成一个密封体。在活塞挡板上装有限位导轮，以限制径向偏移。活动挡板顶面构成一个环形走台，通过侧板上的门，可到顶部走台进行维修检查。

5. 放散管

其作用一是在气柜上正式充气前，对气柜进行吹扫或置换时排除柜内气体；二是当活塞达到顶部时，可通过机械连锁装置，自动打开放散管上阀门，将燃气放散，从而保护了气柜的安全。

6. 容积指示器

通过它可直接观察到气柜运行状态，在指示器上设有高、低液位及警报设施。

7. 入孔

在活塞板、侧板、柜顶板上均设有入孔；在侧板上还有进出气柜的门，以便检修、通风和采光。

8. 其他设备

柜顶中心设有自然通风帽，柜筒体周围设有多个通风孔，以加强自然换气，在柜顶装有防爆灯。

(四)低压贮气袋

为了满足贮气袋的安全使用，常在气袋外围设有圆筒形钢外壳，它对气袋主要起保护罩作用，而没有严格的密封要求。气袋材质可采用进口塑胶，在－30 ℃仍可使用，由于气袋壁厚的不同，其使用寿命也各异，这种贮气袋与湿式气柜相比，虽防腐费及工程造价较低，但因贮气压力低，必须采用燃气排送机进行供气，也给用户带来不便。

(五)高压贮气罐

1. 特点

(1)一定体积内由于压力的提高可以储存更多的燃气，所以耗用的钢材很少。

(2)占地面积及基础施工费用少。

(3)以储存干燥状态的燃气，不需要从导气管中排水，也可以减少管道腐蚀。

(4)有可动部分，不需要注意导轮间隙、活塞倾斜及密封状态，燃气不易泄漏。

(5)由于表面积小，所以防腐涂漆费用也低。同时，由于它没有像湿式贮气柜与水接触的部分，因此使用寿命较长。

高压贮气罐虽然具有以上的优点，但是其缺点是压入燃气需要动力，因此必然需要压缩机等设备，高压贮气罐只有与高压净化装置及高压距离输送的燃气供应结合起来才能发挥它最大的特点。

2. 圆筒形贮气罐

高压罐从外形区分可分为圆筒形和球形两种，目前，个别沼气工程上也有采用圆筒形高压罐贮气的。圆筒形贮气罐系由钢板制成圆筒体及两端为碟形、椭圆形或半球形封头构成的容器，根据安装方法不同可分为立式和卧式两种。前者安装占地面积小，但为防止罐体倾倒的支柱及基础必须非常坚固。后者安装所需面积大,但支柱及基础做法较为简单,如有三处以上的支点时,应注意基础的不均匀沉陷问题。另外,罐体直接安装在混凝土基础上时,容易因积水而促进罐的腐蚀。因此,为了防止腐蚀通常采用钢制鞍座。为增加罐的强度,在和支架连接处的罐体内部,用型钢将加强圈焊在罐的内壁上;支座与基础之间要能滑动,以防止罐体热胀冷缩时产生局部应力。封头最好采用 1∶2 的椭圆形,此时封头的壁厚等于筒身部分的壁厚。贮气罐的焊接原则规定采用两面对接焊,焊完后应对焊缝全长进行放射线检查。圆筒形贮气罐的附属装置有鞍形钢支座、进出气管道、压力表、安全阀及底部冷凝水排水管等。

(六)贮气柜的布置原则

(1)贮气柜除设在沼气站内,还可设置在居民小区附近。其优点是沼气从发酵装置经脱硫后,利用本身的压力自行送至气柜,不需消耗动力,又因在输送途中没有用户,所以可采用较小的管径,因气柜出口沼气的压力具有 2～3.5 kPa,足以克服送至用户管道的阻力损失。由于贮气柜靠近用户,所以供气管路长度短,各用户的灶前压力比较稳定,使灶具能在良好的工况下工作,具有较高的热效率,对于供气规模很小的沼气集中供应站,可将贮气柜布置在沼气站内,以利于统一管理。但对供气规模较大的沼气集中供应站,如采用这种方案,势必造成气柜距用户的管路较长,管径加大,有可能在用气高峰时,管路末端用户灶前出现压力较低、供气不足的现象。

(2)从钢耗及一次投资来看,大容积气柜比小容积要低;但从保证供气的可靠性上看,最好设有两个气柜,以便维修与保养。目前,因受工程投资的限制,多数工程只能先建一个。

(3)贮气柜与周围建筑物应有一定的安全防火距离:

①湿式贮气柜之间防火间距,应等于或大于相邻较大柜的半径。

②干式或卧式贮气柜之间的防火距离,应大于相邻较大柜(罐)直径的 2/3。

③对容积小于 20 m^3 的贮气柜与站内厂房的防火间距不限。

④罐区周围应有消防通道,罐区应留有扩建的面积。

三、沼气的输配

沼气输配系统指从沼气站至用户前一系列沼气输配设施的总称。对于大中型沼气工程来说,主要由中低压力管网、居民小区调压器等组成。对于小规模居民区或大中型沼气工程站内的供气系统,主要包括低压管网及管路附件。

输气管道在工程建设中占有相当重要的位置,它在输配系统总投资中约占

60%,因此,合理选择性能可靠、施工方便、经济耐用的管材,对安全供气和降低工程造价有着重要意义。

(一)常用管材

1. 钢材

钢管是燃气输配工程中使用的主要管材,它具有强度大、严密性好、焊接技术成熟等优点,但它耐腐蚀性差,需进行防腐。钢管按制作方法分为无缝钢管及焊接钢管。在沼气输配中,常用直缝卷焊钢管,其中用得最多的是水煤气输送钢管。钢管按表面处理不同分为镀锌(白铁管)和不镀锌(黑铁管);按壁厚不同分为普通钢管、加厚钢管及薄壁钢管3种。

小口径无缝钢管以镀锌管为主,通常用于室内,若用于室外埋地敷设时,也必须进行防腐处理。大于Φ150 mm的无缝钢管为不镀锌的黑铁管。沼气管道输送压力不高,采用一般无缝管或由碳素软钢制造的水煤气输送钢管,但大口径燃气管通常采用对接焊缝和螺旋焊缝钢管。

2. 料管

沼气输送工程中主要采用聚乙烯管,其特点为:

(1)密度只有钢管的1/4,对运输、加工、安装均很方便。

(2)点绝缘性好,不易受点化学腐蚀,使用寿命可达50年,比钢管寿命长2～3倍。

(3)管道内壁光滑,抗磨性强,沿程阻力小,避免了沼气中杂质的沉积,提高输气能力。

(4)具有良好的挠曲性,抗震能力强,在紧急事故时可夹扁抢修,施工遇有障碍时可灵活调整。

(5)施工工艺简便,不需除锈、防腐,连接方法简便可靠,管道维护简便。

南方地区也常使用聚丙烯管,虽然聚丙烯管比聚乙烯管表面硬度高,耐温较高,但耐磨性、热稳定性较差,其脆性较大,又因这种材料极易燃烧,故不宜在寒冷地区使用,也不宜安装在室内。

采用塑料管时应注意:

(1)塑料管比钢管强度低,一般只用于低压,高密度聚乙烯管最高使用压力为0.4 MPa。

(2)塑料管在氧及紫外线作用下易老化,因此,不应架空铺设。

(3)塑料管材对温度变化极为敏感,温度升高,塑料弹性增加,刚性下降,制品尺寸稳定性差;而温度过低,材料变硬、变脆,又易开裂。

(4)塑料管钢度差,如遇管基下沉或管内积水,易造成管路变形和局部堵塞。

表 5-10 几种塑料管在常温下的物理机械性能

性能	硬聚氯乙烯	聚乙烯	聚丙烯
密度(kg/cm^3)	1.14～1.45	0.95	1.9～0.91
抗拉强度(MPa)	50～56	10	29.4～38.2
抗弯强度(MPa)	85	20～60	41～55
抗压强度(MPa)	65	50	38～55
断裂延伸率(%)	40～80	200	200～700
抗伸弹性模量(MPa)	0.23～0.27	0.013	0.14
冲击强度(J/m)	267～534	低密度不变	107
热膨胀系数(1/度)	7×10^{-5}	18×10^{-5}	10×10^{-5}
软化点(℃)	75～80	60	120
焊接温度(℃)	170～180	120～130	140～280
燃烧性	自行灭火	缓燃	极易燃烧

(二)管道的连接

1. 钢管连接

埋地沼气管道不仅承受管内沼气压力,同时还要承受地下土层及地上行驶车辆的荷载,因此,接口的焊接应按受压容器要求施工,工程中以手工焊为主,并采用各种检测手段鉴定焊接接口的可靠性。有关钢管焊接前的选配,管子组装,管道焊接工艺,焊缝的质量要求等应遵照相应规范。

大中型沼气工程中的设备与管道,室内沼气管道与阀门,凝水器之间的连接,常以法兰连接为主。为了保证法兰连接的气密性,应使用平焊钢法兰,密封面垂直于管道中心线,密封面加石棉或橡胶垫片,然后用螺旋紧固。室内管道多采用三通、弯头、变径接头及活接头等螺纹连接管件进行安装。为了防止漏气,用管螺纹连接时,接头处必须缠绕适量的填料,通常采用聚四氯乙烯胶带。

2. 塑料管连接

塑料管的连接根据不同的材质采用不同的方法,一般来说,有焊接,熔接及黏结等。聚丙烯管多采用手工热风对接焊,热风温度控制在 240～280 ℃。黏结聚丙烯的方法是将塑料表面处理,改变极性,然后用聚氨酯或环氧胶黏剂进行粘合。

聚乙烯管的连接,在城市燃气管网中主要采用热熔焊,它包括热熔对接、承插热熔及利用马鞍形管件进行侧壁热熔。另一种是电熔焊法，它是利用带有电热丝的管件，采用专门的焊接设备来完成的。

除了上述连接方法外，在农村地区施工，对同一直径的管子将一端在烧开的蓖麻油或棉子油中均匀加热，然后用一根外径与管外径相等的尖头圆木，插入加热端使其扩大为承口(承口长度为管外径的1.5～2.5倍)，迅速将另一根管端涂有黏结剂的管子插入承口内，当温度降至环境温度时，承口收缩，接口连接牢固。

当采用成品塑料管件时，可在承口内涂上较薄的黏结剂，在塑料管端外缘涂以较厚的黏结剂，然后迅速插入承口管件，直至双方紧密接触为止。聚乙烯管与金属管的热熔连接，熔接前先将聚乙烯管胀口，胀口内径比金属管外径小0.2～0.3 mm，并有锥度，连接时先将金属管(可带螺纹)表面清除污垢，然后将金属管插口加热至210 ℃左右，将聚乙烯管承口套入，聚乙烯管在灼热金属管表面熔融，呈半透明状，冷却后即能牢固的熔合在一起，其接口具有气密性好、强度高等特点。

农村沼气管网的布置，一般采用枝状管网，对于供气规模较大的小区，应尽量采用环状管网，这样容易达到用户的压力稳定和可靠供气。

(三)钢管的防腐

沼气集中供气钢管埋入地下，由于土壤的腐蚀作用，造成管道外壁的腐蚀、穿孔。而输送含有 H_2S 及 CO_2 的湿沼气，又使管道内壁产生强烈腐蚀，其腐蚀速度与沼气在管内的流动状态有关。腐蚀破坏的区域，首先是管道底部，特别是冷凝聚积的地方。因此，对沼气中的 H_2S 及冷凝液的及时排除，是减少钢管内壁腐蚀的主要措施。

当前，对于埋地钢管采用绝缘腐蚀处理。常用的管道防腐材料有两种，即石油沥青及环氧煤沥青。

1. 石油沥青

石油沥青是传统的防腐材料，其特点是货源充足，价格低廉，施工工艺成熟。缺点是吸水率高达29%左右，易老化、强度低，预制后的管件在运输、焊接、下沟、回填土方的过程中，涂层易损坏，耐化学介质性差，使用寿命短，加上需热涂施工，现场熬制既易烫伤工人，又易污染环境。由于石油沥青一次性投资、材料费用低于其他涂料，故有些工程仍在使用。

2. 环氧煤沥青

它的特点是固体分量高、土涂层致密、漆膜坚韧、耐化学介质及微生物侵蚀，吸水率小于5%，电绝缘性能好，使用寿命长，防腐效果好。现将环氧煤沥青的涂层等级、结构及寿命列于表5-11：

表 5-11　环氧煤沥青防腐漆涂层结构

防腐涂层等级	涂层结构	厚度(mm)	涂层寿命(年)
普通	底漆-面漆-面漆	0.2～0.3	20
加强	底漆-面漆-玻璃布-面漆-面漆	0.4～0.5	50
特加强	底漆-面漆-玻璃布-面漆-玻璃布-面漆-面漆	0.6～0.8	50

(四)沼气管道布置

1. 室外沼气管道布线原则

沼气输配管网系统确定后，需要具体布置沼气管线。沼气管线应能安全可靠的供给各类用户以压力正常、数量足够的沼气，在布线时首先应满足使用上的要求，同时要尽量缩短线路，以节省金属和投资。

乡镇沼气管线的布置应根据全面规划，远近结合，以近期为主、分期建设的原则。在布置沼气管线时，应考虑沼气管道的压力状况，街道地下各种管道的性质及其布置情况，街道交通量及路面结构情况，街道地形变化及障碍物情况，土壤性质及冰冻线深度，以及与管道相接的用户情况。布置沼气管线时应具体注意事项如下：

(1)沼气干管的位置应靠近大型用户，为保证沼气供应的可行性，主要干线应逐步连成环状。

(2)沼气管道一般情况下为地下直埋敷设，在不影响交通的情况下也可架空敷设。

(3)沼气埋地管道敷设时，应尽量避开主要交通干道，避免与铁路、河流交叉。如必须穿越河流时，可附设在已建道路桥梁上或附设在管桥上。

(4)管线应少占良田好地，尽量靠近公路敷设，并避开未来的建筑物。

(5)当沼气管道不得不穿越铁路或主要公路干道时，应敷设在地沟内。

(6)当沼气管道必须与污水管、上水管交叉时，沼气管应置于套管内。

(7)沼气管道不得敷设在建筑物下面，不准在高压电线走廊、动力和照明电缆沟道和易燃、易爆材料及腐蚀性液体堆放场所。

(8)地下沼气管道的地基宜为原土层，凡可能引起管道不均匀沉降的地段，对其他地基应进行处理。

(9)沼气埋地管道与建筑物、构筑物基础或相邻管道之间的最小水平净距如

表 5-12 所示。

表 5-12　沼气管与其他管道的水平净距　m

建筑物基础	热力管给水管排水管	电力电缆	通信电缆		铁路钢轨	电杆基础		通信照明电缆	树林中心
			直埋	在导管内		≤35 kV	≥35 kV		
0.7	1.0	1.0	1.0	1.0	5.0	1.0	5.0	1.0	1.2

沼气埋地管与其他地下构筑物相交时，其垂直净距离如表 5-13 所示。

表 5-13　沼气管与其他管道的垂直净距　m

给水、排水管	热力	电缆		铁路轨底
		直埋	在导管内	
0.15	0.15	1.0	1.0	1.2

(10)沼气管道应埋设在土壤冰冻线以下，其管顶覆土厚度应遵守下列规定：埋在车行道下不得小于 0.8 m；埋在非车行道下不得小于 0.6 m。

(11)沼气管道坡度不小于 0.3%，在管道的最低处设置凝水器，一般每隔 200～250 m 设置一个。沼气支管坡向干管，小口径管坡向大口径管。

(12)架空敷设的钢管穿越主要干道时，其高度不应低于 4.6 m。当用支架架空时，管底至人行道路路面的垂直净距，一般不小于 2.2 m。有条件的地区也可沿建筑物外墙或支柱敷设。

(13)地钢管应根据土壤腐蚀的性质，采取相应的防腐措施。

2. 用户沼气管道布置

用户沼气管包括引入管和室内管。引入管是指从室外管网引入专供一幢楼房或一个用户而敷设的管道。

用户引入管的类型，各地根据各自具体情况，做法不完全相同，按管材种类可分为镀锌钢管、无缝钢管，详见图 5-25。

按引入方式可分为地下引入和地上引入，在采暖地区输送湿燃气的引入管一般由地下引入室内，当采取防冻措施时，也可由地上引入。在非采暖区或输送干燃气时，且管径不大于 75 mm 的，则可由地上直接引入室内。

按室外明立管的长短来分，有短立管、长立管(图 5-26)。用户引入管与庭院燃气管的连接方法与使用的管材不同。当庭院燃气管及引入管为钢管时，一般应为焊接或丝接；当庭院燃气管道为塑料管，引入管为镀锌管时应采用钢塑接头。

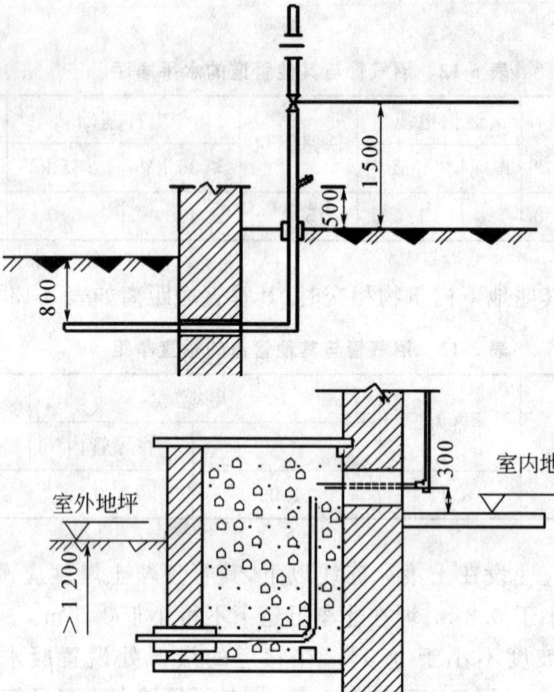

室外镀锌钢管地上引入

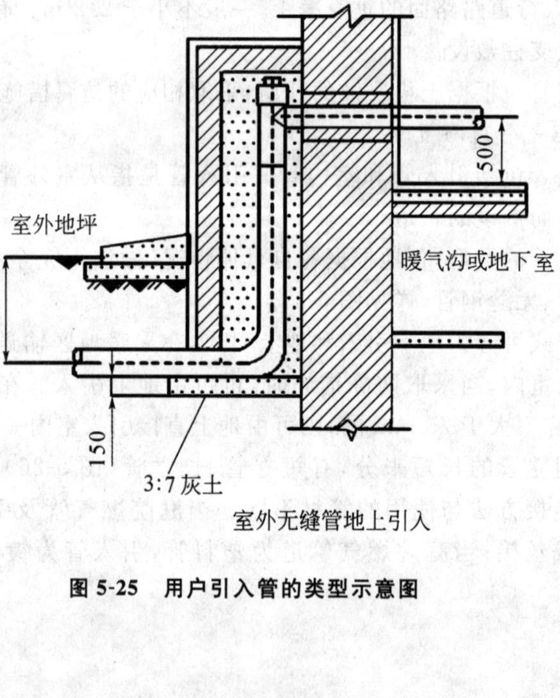

室外无缝管地上引入

图 5-25 用户引入管的类型示意图

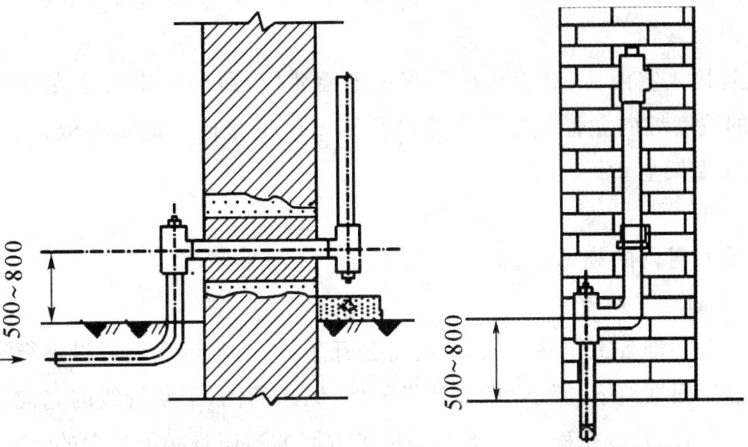

图 5-26 室外长、短立管示意图

对用户引入管的一般规定如下：

(1)用户引入管不得敷设在卧室、卫生间、有易燃易爆品的仓库、配电间、变电室、烟道、垃圾道和水池等地方。

(2)引入管的最小公称直径应不小于 20 mm。

(3)北方地区阀门一般设置在厨房或楼梯间，对重要用户尚应在室外另设置阀门，阀门应选用气密性较好的旋塞。

(4)用户引入管穿过建筑物基础或暖气沟时，应设置在套管内，套管内的管段不应有接头，套管与引入管之间用沥青油麻堵塞，并用热沥青封口。一般情况下，套管公称直径应比引入管的公称直径大二号。

(5)地上引入管顶端应设置丝堵，地下引入管在室内，地面上应设置清扫口，便于通堵。

(6)送湿燃气引入管的埋深应在当地冰冻线以下，当保证不了这一埋深时，应采取保温措施。

(7)采暖区，输送湿燃气或杂质较多的燃气，对室外地上引入管部分，为防止冬季冻堵，应砌筑保温台，内部做保温处理。

(8)引入管应有不小于 0.3%的坡度，并应坡向庭院管道。

(9)当引入管的管材为镀锌钢管或无缝钢管埋设时，必须采取防腐措施。

(10)用户引入管无论使用何种管材、管件,使用前均应认真检查质量,并因彻底清除管内填塞物。

引入管接入室内后,立管从楼下直通上面各层,每层分出水分支管均应不小于0.2%的坡度坡向立管。公称直径大于25 mm的横向不能贴墙敷设时,应设置在特制角铁支架上。

(五)沼气管网的施工

1. 管线的施工测量

当施工前的准备工作基本就绪,具备公开条件时,测量人员可以进行测量放线工作。管道工根据地下燃气管道设计平面图、纵断面图,了解管线的趋向、坡度、地下设备安装位置、管线高程、坐标等有关测量方面的知识是必不可少的,测量人员与管工密切配合,是地下燃气管道施工顺利进行的因素之一。

(1)高程测量:高程测量的基本任务就是测定高差和高程。高程测量的方法,根据使用的仪器不同,分为水准测量、三角高程测量和气压高程测量3种,其中水准测量是工程中最常用的高程测量方法。水准测量主要是利用水准仪提供的水平视线直接测定地面上各点之间的高差,然后根据其中一点的已知高程推算其他各点高程的方法。

(2)直线测量:直线测量就是将地下燃气管道设计平面图直线部分确定在地面上并要丈量点间的距离。应在起点、终点、平面折点、纵向折点及直线段的控制点打置中心桩,桩的间距在25～50 m为宜,中心桩位置误差要求在10 mm左右。在桩顶钉中心钉,准确的定线可使用经纬仪。

(3)管线施工测量。

2. 管道沟槽的开挖与回填

(1)管道沟槽的开挖:在开挖沟槽前首先应认真学习施工图纸了解开挖地段的土壤性质及地下水情况,结合管径大小、埋管深度、施工季节、地下构筑物情况、施工现场大小及沟槽附近地上建筑物位置来选择施工方法,合理确定沟槽开挖断面。

(2)沟槽开挖断面:是由槽底宽度、槽深、槽层、各层槽帮坡度及槽层间留平台宽度等因素来决定的。正确的选择沟槽的开挖断面,可以减少土方量、便于施工、保证安全。沟槽断面的形式有直槽、梯形槽和混合槽等,如图5-27所示。

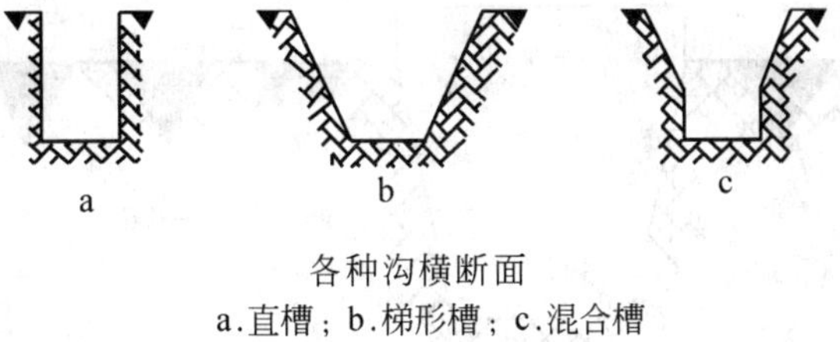

图 5-27　3 种形式的沟槽断面

当土壤为黏性土时，由于它的抗剪强度以及颗粒之间的黏结力都比较大，因而可开挖成直槽。直槽槽帮坡度一般取高：底为 20：1。如果是梯形槽，槽帮坡度可以选的较陡。沙性土壤由于颗粒之间的黏结能力较小，在不加支撑的情况下，只能采用梯形槽，槽帮坡度应较缓和。梯形槽的边坡见表 5-14：

表 5-14　梯形槽的边坡

土壤类别	槽帮坡度	
	槽深<3 m	槽深 3～5 m
沙土	1：0.75	1：1.00
亚沙土	1：0.75	1：0.67
亚黏土	1：0.33	1：0.50
黏土	1：0.25	1：0.33
干黄土	1：0.20	1：0.25

当沟槽深而土壤条件许可时，可以挖混合槽。沟槽槽底宽度的大小决定与管径、管材、施工方法等。根据施工经验，不同直径的金属管(在槽上做管道绝缘)所需槽底宽度如表 5-15 所示。

表 5-15　槽底宽度

管径(mm)	50～75	100～200	250～350
槽底宽(m)	0.7	0.8	0.9

在天然湿度的土中开挖沟槽，如地下水位低于槽底，可开直槽，不支撑，但槽深不得超过：沙土和沙砾石 1.0 m，亚沙土和亚黏土 1.25 m，黏土 1.5 m。较深的沟槽，宜分层开挖。每层槽的深度，人工挖槽一般 2 m 左右。一层槽和多层槽的头槽，在条件许可时，一般采用梯形槽；人工开挖多层槽的中槽和下槽，一般采用直槽支撑。

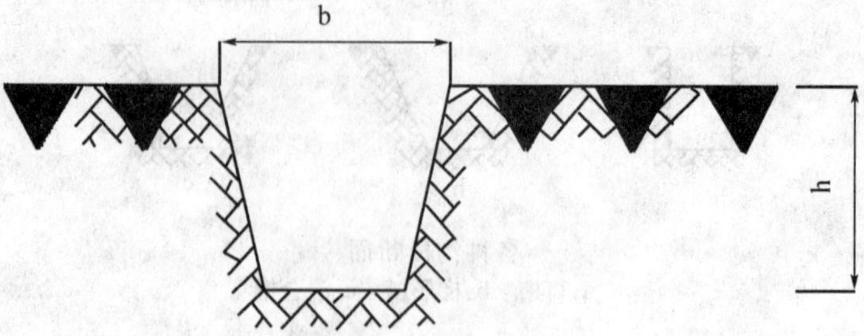

梯形槽尺寸

图 5-28 梯形槽结构示意图

人工开挖多层槽的层间留台宽度，梯形槽和直槽之间一般不小于 0.8 m；直槽与直槽之间宜留 0.3～0.5 m；安装井点时，槽台宽度不应小于 1 m。

人工清挖槽底时，应认真控制槽底高程和宽度，并注意不使槽底土壤结构遭受扰动或破坏。靠房屋、墙壁堆土高度，不得超过檐高的 1/3，同时不得超过 1.5 m。结构强度较差的墙体，不得靠墙堆土。堆土不得掩埋消火栓、雨水口、测量标志、各种底下管道的井室及施工料具等。挖槽见底后应随即进行下一工序，否则，槽底以上宜暂留 20 cm 不挖，作为保护层。冬季挖槽不论是否见底或对暴露出来的自来水管，均需采取防冻措施。

3. 管道沟槽土方回填

回填土施工包括还土、摊平、夯实、检查等工序。还土方法分人工、机械两种。沟槽还土必须确保构筑物的安全，使管道接口和防腐绝缘层不受破坏，构筑物不发生位移等。沟槽还土各部位的密实度要求如图 5-29 所示。

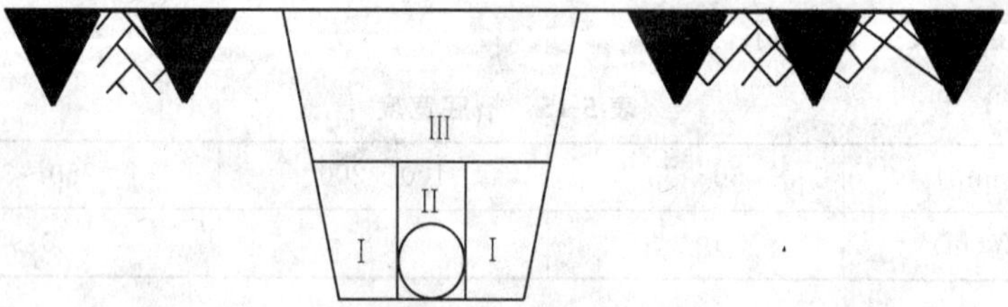

沟槽还土各部位密实度

图 5-29 沟槽还土示意图

沟槽应回填，分层压实，分段分层测定密实度：

Ⅰ——胸腔还土部分95%；

Ⅱ——管顶以上50 cm范围内85%；

Ⅲ——管顶以上50 cm至地面部分，按下列各值：填土上方计划修路或在城镇厂区95%，农田90%，竣工后即修路者，按道路标准要求。

管道两侧及管顶以上0.5 m内的土方，在铺管后立即回填，留出接口部分。回填土内不得有碎石砖块。管道两侧应同时回填，以防管道中心线偏移。对有防腐绝缘层的管道，应用细土回填。管道强度试压合格后及时回填其余部分土方，若沟槽内积水，应排干后回填。管顶以上50 cm范围内的夯实，宜用木夯。

机械夯实时，分层厚度不大于0.3 m；人工夯实分层厚度不大于0.2 m，管顶以上填土夯实高度达1.5 m以上，方可使用碾压机械。穿过耕地的沟槽，管顶以上部分的回填土可不夯实，覆土高度应较原地面高出400 mm。

(六)沼气管网的运行管理

1. 运行管理的基本任务

(1)把沼气安全地、不间断地供给所有用户；

(2)经常对沼气管网及其附属构筑物进行检查、维修，保证沼气设施的完好；

(3)迅速地消除沼气管网中出现的漏气、损坏和故障；

(4)负责新用户的接线；

(5)负责对沼气管线的施工质量监督，并参加管线竣工验收工作；

(6)负责其他单位施工时与正在运行的沼气管线发生矛盾或需要配合的适宜处理；

(7)排除沼气管网中的冷凝水。

2. 沼气管网的运行和安全

(1)运行中应注意管网的安全，保证畅通无阻；

(2)注意防火安全，避免发生火灾事故。

四、职业岗位能力训练

(一)沼气工程的试压检验与启动运行

【岗位工作任务】

无论是中型还是大型沼气工程，建成使用前都要进行质量检验与验收，主要包括试漏水性及漏气性检验等工作，然后再进行联动试运行，最后才能投料启动。

【工作环节与操作质量要求】

工作环节	操作方法和质量要求
一、试压检验程序： 发酵罐试漏 ↓	水压法：向发酵罐内注水至溢流高度，稳定观察12 h，当水位无明显变化时，表明发酵罐及进料管系统不漏水，之后方可进行水压试验。关闭罐体通向大气空间的所有阀门，最佳方法是用盲板切断通向大气空间的去路。在罐顶起空间接好测压仪表或U形压力计，对气空间做好全面的密封处理，此后继续向发酵罐内注水。当压力达到最大设计压力时停止加水，记录好压力值，稳压观察24 h，当压力下降至3%～10%以内时，可确认发酵罐抗渗性能符合要求。 气压法：注水稳压观察后，不再注水，而是注气。压降小于3%，确认符合抗渗性能。
单机调试与联动试运行 ↓	用清水进行承压检验，原料、水、输配管路、阀门、压力表、流量计、液位计，pH计，加热器，搅拌器，电机，水泵等依各自产品质量检验标准和设计要求，进行单机调试和联动试运行。以保证安全可靠。
选取接种物 ↓	确定系统运行温度后，选择同类工程的活性污泥作为接种物。若不能获得，需要驯化。一般沼气发酵罐排出的活性污泥和污水沟底正在发泡的活性污泥，都可作为接种物，接种量占发酵容积的1/10～1/3。
接种物的驯化	驯化方法：菌种与底物按照10∶1左右，混合于发酵罐，逐步升温至35 ℃或54 ℃，调pH 6.8～7.2。隔周加入新料一次，数量为料液的5%～10%，以此继续下去。富集菌种加入发酵罐，对于较小容积的发酵罐，菌种量要占1/3；较在容积发酵罐，菌种量可小于1/3。后封闭发酵罐。升温35 ℃或54 ℃。停止进料若干天。每次进料要在预处理阶段使温度高出系统运行温度3～5 ℃。pH调解到6.5～7。每次进料量控制在发酵罐内料液量的5%～10%。每7～8 d进料一次，直至料液溢流。此后缩短间隔，增大负荷直至设计要求。

二、运行管理步骤：	
投料 ↓	若发现发酵液挥发酸浓度升高，pH下降；沼气量明显减少，沼气中CO_2含量升高，CH_4含量下降；出水COD浓度升高，悬浮固体沉降性能下降。丁酸、戊酸含量上升等，预示着设备超负荷。应采取以下措施： （1）控制有机负荷，保持或调节发酵液的pH值在6.8以上。首先要停止进料。若pH值已经降至6.5以下，则沼气产量显著下降，可加中和剂调整pH至6.8。这样可以避免不平衡状态的进一步发展，而且还可以使消化作用在短时间内恢复平衡。
发酵启动 ↓	（2）若上述方法不能缓解失衡，则应考虑进料中是否有毒性物质。 （3）若含有毒物质，可以稀释进料的方法降低有害物质浓度，或添加某种物质使有毒物质中和或沉淀。 （4）如果pH下降或中毒情况严重，应考虑重新启动。
污泥持流量的调节 ↓	污泥沉降的上平面应保持在溢流出水口下0.5～1.0 m的位置，这样既可以保证水力运行的畅通，又可使悬浮污泥有沉降的空间。一般每隔3～5 d排放一次，每次排放量应视污泥在消化器内的累积高度而定。
搅拌的控制 ↓	UASB一般不需要搅拌，USR如无浮渣结壳现象也不需要搅拌，一些常规消化器一般不需要连续搅拌，特别是在出料时应尽量使发酵原料保持自然沉降状态，这样可以延长SRT和MRT因而获得较高的消化率。
停运与再启动 ↓	因检修或因季节性生产等限制，厌氧消化器可能会有一段时间停运，这种停运对厌氧消化性能的保持并无多大影响。活性可以保持一年或更长的时间。在停运期间，应使消化器内发酵液的温度保持在4～20 ℃。此外，在停运期间，应设法使出料口及导气管等保持封闭，以维持消化器的厌氧状态。

维修与安全	大型沼气工程每隔3～5年有计划地检修一次，事先应做好存放厌氧活性污泥的池子。大修时应将污水、污泥、浮渣、沉渣和底部泥沙清扫干净，进行防腐、防渗、防漏处理，最后按沼气池试漏规定验收合格后，才能重新装入污泥继续运行。安全事项如下： (1)打开消化器所有孔口，用鼓风机连续吹入新鲜空气24 h以上，测定池内空气中的甲烷、H_2S、CO_2、O_2含量合格后方可进入，也可以用动物试验。 (2)检修人员应戴防毒面具。戴好安全帽，系上安全带及安全绳，池外必须有人监护，整个检修期间不得停止鼓风。 (3)池内所有的照明用具和电动工具必须防爆。如果明火作业，必须符合公安部门的防火要求，同时要有应急措施。 (4)有条件时，配备有毒有害气体及可燃性气体监测器，以保证人身绝对安全。

工作环节	操作方法和质量要求
脱硫系统安装要点 ↓	(1)整套脱硫系统应设在单独房间内，并与压缩机、配电盘等设备分开设置。 (2)在脱硫装置的进出管路上，应留有用于空气再生的接口；在进出气管附近，应预留检测孔，以进行测温、测压或取气样之用。 (3)在脱硫装置及流量计上均应装有旁通管，以方便设备维修。 (4)脱硫间内应设排水管并与脱硫塔及气水分离器的泄水阀、排污阀相连。 (5)脱硫间应有足够的高度和面积，屋顶应为防爆型或有足够的泄压面积。 (6)北方脱硫间应设有采暖系统；南方应对脱硫系统进行保温。

脱硫系统的进行 ↓	(1)运行前应认真检查沼气水封的水位及各阀门的开关情况,系统的气密性和消防设施是否安全好用。 (2)系统投入运行后,应定期记录脱硫塔沼气进、出口压力,以判断塔内脱硫剂是否粉化或结块,如超过规定值时,应及时检查并排除故障;若因脱硫剂失活造成阻力过大,则应对脱硫剂进行再生或更换。 (3)认真观察床层温度,随时掌握塔内脱硫状况。判断脱硫剂是否已被 H_2S 所饱和。同时,对脱硫前、后的沼气中 H_2S 含量进行分析,以便及时进行再生或更换。 (4)合理利用“倒塔”技术,可以提高脱硫剂的活性,延长脱硫剂的使用寿命。 (5)注意经常排放脱硫塔底部、管路系统、气水分离器内的积水,以防液堵。 (6)冬季进行时,应注意脱硫系统的保温,或适当降低空速,以保证脱硫效果。 (7)脱硫系统应定期检修,检查温度计、压力表、流量计运行是否正常,阀门是否密封,法兰密封垫是否老化损坏。发现问题应及时处理、更换,以保证正常运行。
脱硫剂的装卸 ↓	(1)采用成型脱硫剂时。如有碎应过筛;采用粉状脱硫剂时,应与木屑或稻壳充分混匀,加一定的水和碱,保证其湿度和 pH。 (2)在脱硫塔底部,预先在托板上放层铁砂,在其上放层碎瓷环或豆石,而后均匀地放入脱硫剂,切勿在塔内壁留有缝隙,以防气体短路,影响脱硫效果。 (3)分层装填时,各床层之间要留有一定的空间。脱硫剂装好后,封好进料口,使其严密不漏气。 (4)脱硫剂失效后,在从塔内卸出前,先将脱硫塔的进气阀门关闭,打开放散阀,排放塔内沼气压 24～48 h,再打开塔底入口,将废脱硫剂卸出。为防止废剂自燃,可喷洒少量水。废剂出塔后,应放在指定地点,避免污染地下水。数量大时最好送回硫酸厂。

脱硫剂的再生	(1)塔外再生是将失活的脱硫剂从塔内卸出，摊晒在空地上均匀铺平，在脱硫剂上喷洒少量稀氨水，利用空气中的氧，进行自然再生。 (2)塔内自然再生是关闭上进气阀，打开放散阀，待沼气排除后，稍微打开进气阀，控制初期空速不宜过大，经过 24～48 h 后，可将进气阀门全部打开。 (3)塔内强制再生是将塔内沼气排净后，在 20～40 L/h的低空速下，用气泵将空气打入塔内，进行强制再生。在强制再生时，应交替改变进气方向，有条件时应加入适量氨水，使 pH 达到 9～10 之间。 (4)塔内连续再生是指在脱硫的同时，根据沼气流量及所含 H_2S 浓度投加空气，由反应式可知，1 m^3 的 H_2S 完全反应需要消耗 0.5 m^3 的 O_2，根据实验，脱硫剂吸收 O_2 的效率为 50%～67%，若按 60%的吸收率计算，则脱除 1 m^3 的 H_2S 需 0.83 m^3 的 O_2（约 4 m^3的空气）。空气的加入量与沼气流量及 H_2S 的浓度成正比，目前国内已引进德国干法脱硫整套装置，其空气用于脱硫再生的投加量，可由自动控制系统自动定量投入。

【常见技术问题解决】

脱硫剂的再生应注意哪些事项？

脱硫剂再生过程应随时注意塔壁温度变化，为防止塔内温度剧烈上升，造成脱硫剂失活，应控制塔内温度不超过 70 ℃，并通过玻璃视镜监视，脱硫剂床层色峰应由黑色变成棕色，如始终为黑色，则说明脱硫剂已失活。取样分析塔内进、出口气体中的含氧量基本相同时，说明再生反应基本结束。

(二)沼气的贮存

【职业岗位工作】

沼气的贮存包括干式贮存与湿式贮存两种类型，岗位工作首先是贮气柜的验收，接着是气柜的置换，最后是贮气柜的运行管理。

【工作环节及操作质量要求】

工作环节	操作方法和质量要求
湿式贮气柜的腐蚀与防腐	油漆防腐工作包括两项内容，其一是在进行油漆之前，对钢材表面的处理工作，这是预先消除腐蚀的根源，并为油漆膜能牢固的附着在钢材表面上创造有利条件。要求处理后的钢材表面平整，将焊渣、毛刺、铁锈、油污以及尘土等清除干将。其二是选择适用于所储存气体及罐周围环境条件的耐腐蚀涂料作为防腐油漆。严格按涂料特性所要求的配制比例、温度、黏度等规定施工。
贮气柜的验收	根据地基与基础工程施工及验收规范(GBJ 202—83)，对气柜水槽进行注水试验，检查水槽是否漏水，并对基础进行沉陷观察。 根据金属焊接结构湿式气柜施工及验收规范(HGJ 212—83)，对气柜钟罩壁板及顶盖焊缝采用肥皂水涂刷方法进行气密性检查，以无气泡为合格标准。同时以小于1.5 m/min的升降速度，对气柜进行快速升降试验，沿四周观察导轮与导轨的接触情况，并审查其有关记录。如气柜所有焊缝及密封接口均无泄漏；在升降过程中无卡轨、脱轨现象；气柜各部位无严重变形；安全限位装置动作准确，则认为试验检查验收合格。
气柜的置换	贮气柜在启用前必须进行置换。置换方法分为以沼气直接进行和用惰性气体间接置换两大类。对于容积小于500 m^3 的气柜，可以沼气直接进行置换，但柜内混合气体必然经过从达到爆炸下限到超过爆炸上限的过程。在这一置换过程中，存在着发生爆炸的危险性，因此，必须杜绝火源。对于容积大于500 m^3 的气柜，应尽量采用惰性气体间接置换的方法，它不会产生爆炸和污染，是一种安全可靠的方法。

气柜的运行管理	控制好湿式气柜钟罩的升降位置。在计算气柜最高储量时,应考虑到由于气温上升而引起的气体膨胀;而在最低储量时,勿使钟罩贴至水槽底部,以防止气温降低,造成柜内负压使罩顶塌陷。因而需对其升降位置留有安全余地,在设计制造时应考虑最高、最低限位器。最好选用仪表装置控制或指示起最高、最低操作限位。 (1)防止水封中的水结冰,在冬季水温应保持在5 ℃,一般酒厂可利用高温发酵液,或在水封池表面铺层聚氨酯泡沫塑料碎块,有条件的北方地区也可喷入锅炉蒸汽或使水循环防冻。 (2)防止漏气,经常检查水槽和水封中的水位高度,防止沼气因水封高度不足而泄漏。定期对柜体表面进行检查和涂刷油漆,以防钟罩钢板腐蚀而穿孔漏气。 (3)防止火灾,在贮气柜(罐)区应建围墙,站内严禁火种。气柜上应安装避雷针,其接地电阻应小于10 Ω。 (4)当水槽放水时,应先打开放空阀,以免造成柜内负压,柜体塌陷。 (5)对于压干式柜当首次升高活塞挡板时,必须达到最高位置,并使密封膜处于正常位置上,这时日后无论活塞处在任何位置,均能使橡胶膜达到正常工作状态。 (6)在低于干式柜运行中,应检查活塞的水平度、密封间隙、调平装置钢绳的拉紧情况以及密封膜是否发生异常。同时还应定期检查基础是否下沉、接地电极以及钢板漆膜状态。

【常见技术问题解决】

1. 如何防止贮气柜的腐蚀及老化

为了防止腐蚀性分子接触柜体基质,必须使用高内聚不透性的涂料,这种涂料应能抵抗摩擦、撞击及微生物、水、酸对柜体金属表面的侵蚀。为了长久使用,漆膜还必须具有很强的黏合性,以防老化脱落。而近年来一些单位采用氯磺化聚乙烯涂料和BMY、聚氨酯防水涂料具有上述性能。这两种涂料按一次使用,单位面积用量虽然造价较高,但使用年限、年维修费用,却远远低于其他防腐涂料,经济效益是明显的。而且 BMY 聚氨酯涂料可以在气柜不停产条件下涂刷，对正常供气没有影响。

2. 贮气柜的气体置换应注意哪些事项

贮气柜在启用前进行置换时，所使用的惰性气体有氮气、二氧化碳等，而烟气的组分主要是氮气和二氧化碳，是比较经济的置换介质。还应注意到密度大的惰性气体适于置换密度小的燃气，密度小的惰性气体适于置换密度较大的燃气这一原理。置换方法应按有关操作规程进行，切实注意安全。

3. 沼气工程管道维护的注意事项有哪些

管道结束后在回填土之前，要及时对全线各部位的管线高程和平面位置进行竣工测量，这道工序非常重要，根据竣工测量的数据，绘制永久保存的竣工图，为今后其他管线设计施工、燃气管线的运行管理维修、管线上增加用户的设计施工等提出准确资料。

(三)沼气的输配

【职业岗位工作】

大中型沼气工程发酵所产生的沼气用途较多，目前主要用于集中供气给用户做燃料(炊事照明)，还可用于发电、烧锅炉等。沼气的输配工作主要包括管线的布置、管道坑的挖掘，管道的铺施、管道的检漏等工作环节。

【工作环节与操作质量要求】

工作环节	操作方法和质量要求
施工准备 ↓	包括熟悉图纸，设置临时水准点，即把水准高程引至管线附近预先选择好的位置，而且水准点设置要牢固，标志要醒目，编号要清楚，三方向要通视。对施工有影响的地下交叉构建物的实际位置或高程(埋深)，特别是地下高压电缆、重要通信电缆、高压水管等不明确时，应挖探坑以测准它们的位置、高程与燃气管道设计位置之间的关系。
放线 ↓	测量人员根据施工组织设计的要求，管线沟槽上口中心位置，在地面上撒灰线表明开挖边线。当沟槽开挖到一定深度以后，必须把管线中心线位置移到横跨沟槽的坡度板上，并用小钉标定其位置。同时用水准仪测出中心线上各坡度板顶的高程，以及时了解沟槽的开挖深度。

测挖深 ↓	当沟槽挖到约距设计标高 500 mm 时，要在槽帮上钉出坡度柱。第一个坡度桩应与水准点串测，其他可根据图纸的管线坡度和距离钉出越度钉，钉到一定距离后再与水准点串测、核对高程数值。管沟内的坡度桩钉好后，拉上小线按下反数(从板顶往下开挖到管底的深度)检查与其他交叉管线在高程上是否发生矛盾。如遇矛盾请设计者及施工技术员洽商决定，重新钉坡度桩。
验槽 ↓	开挖沟槽至管底设计高程，清槽结束，测量人员需要测以下坡度桩，每米有一测点。槽底基础在符合设计及有关规范要求情况下，可下管进行管道安装。
竣工测量 ↓	(1)测量内容：测量是测管顶的绝对高程，平面测量是管线的中心线位置，主要控制点是：管线起止点、折点、坡度变化点、高点、排水器(抽水缸)和闸门等。在较长的直线管段上每隔 30～50 m 有一高程控指点，每隔 150～250 m 有一个平面控制点。 (2)平面控制测量：在小区内因永久建筑物较多，可以用永久建筑物与管道的相对位置来表明管道位置，这称为栓点。只用皮尺即可在地面上量得管道转角点与永久建筑物间的水平直线距离，每个点至少应有 2 个与永久建筑物的距离。 (3)高程测量：管线的竣工高程在回填土前要及时施测，竣工高程数是管顶实测高程。
绘制竣工图 ↓	竣工图一般绘制出管线平面图即可。图面上应有管线埋设位置，控制点的坐标、高程及其间距，栓点数值、管径及壁厚，材质、坡向、管线与地面上建筑物的平行距离，指北针、高点和抽水缸的位置等。图标上应注明施工单位、开竣工时间及工程名称等。
管道的检漏 ↓	(1)钻孔查漏：沿着沼气管道的走向，在地面上每隔 2～6 m，钻一孔眼，用嗅觉或检漏仪进行检查。 (2)挖深坑：在管道位置或接头位置上挖坑，露出管道或接头，检查是否漏气。

	(3)井室检查:在敷设沼气管道道路下,可利用沿线下水井、上水阀门井、电缆井、雨水井等井室或其他地下设施的各种护罩或井盖,用嗅觉来判断是否有漏气。 (4)观察植物生长:地下管道漏出的燃气到土壤中将引起树林及植物的枝叶变黄和枯干。 (5)利用凝水器(抽水缸)判断漏气:在按周期有规律性地抽水时,如突然发现水量大幅度增多,有可能沼气管道产生缝隙,地下水渗入抽水缸,从而也可以预测到沼气的泄露。巡查检漏的周期、次数应根据管道的运行压力、管材、埋设年限、土质、地下水位、道路的交通量以及以往的漏气记录等全面考虑后决定。巡查检漏工作应由专人负责、长年坚持、形成制度,除平时的检漏外,每隔一定年限还应有重点地、彻底的检漏一次,检漏方法可结合管道的具体情况适当的选定。
管道阻塞及排除	(1)沼气中往往含有水蒸气,温度降低或压力升高,都会使其中的水蒸气凝结成水而流入抽水缸或管道最低处,如果凝结水达到一定数量,而不及时抽除,就会阻塞管道。为了防止积水堵管,每个抽水缸应建立位置卡片和抽水记录,将抽水日期和抽水量记录下来,作为确定抽水周期的重要依据,同时还可尽早发现地下水渗入等异常情况。 (2)当地下水压力比管道内燃气压力高时,对年久失修的管道,可能由管道接头不严处、腐蚀孔或裂缝等渗入管内,当凝水器内水量急剧增加时,有可能是由于渗水所引起,可关断可凝管段,压入高于渗入压力的燃气,再用检漏方法,找出渗漏的地点。 (3)由于各种原因引起沼气管道发生不均匀沉降,冷凝水就会保存在管道下沉的部分,形成袋水。寻找袋水的方法是先在沼气管道上钻孔,将橡胶球胆塞于钻孔,充气后,检查钻孔充气侧是否有水波动的声音,找出袋水后,采用校正管道坡度或增设排水器的方法,以消除袋水。 (4)对无内壁涂层或内涂层处理不好的钢管,其腐蚀情况比较严重,产生的铁锈屑也更多,不但使管道有效流通断面减少,而且还常在支管的地方造成堵塞。 清除杂质的方法是:对管道进行分段机械清洗,一般按 50 m 左右作为一清洗管段;对管道转弯部分、阀门和排水器如有阻塞,可将它们拆下来清洗。

【常见技术问题解决】

1. 在检修沼气管道时应注意事项

运行中的沼气管道的检修和抢修工作，常是带气作业，因此，要严禁明火，戴好防毒面具。当在沼气管道带气操作时，沼气压力应控制在 200～800 Pa 范围之内。带气操作时，必须两人以上，沟槽上留 1 人观察。

2. 闸井检修应注意的问题

对低压沼气管道每月至少两次巡视，对闸井、地下构筑物的定期预防检查应同时进行。主要检查闸井的完好程度，沿线凝水器定期排除以及其他地下设施被沼气污染的程度。在闸井打开时，禁止吸烟、点火、使用非防爆灯等明火设备，以免引起爆炸。

三、顶岗实习工作过程记录单

1. 沼气工程启动工作记录：

工程名称		发酵塔容积		工艺类型	
原料种类		投料浓度		料温	

2. 运行管理工作记录：

项目	运行管理记录	评价
联动运行情况		
进料泵运行情况		
料液 SS、pH、COD 检测记载		

3. 工程设备故障排除与维护记录：

设备名称	故障及原因分析	排除措施
进料泵		
脱硫设备		
厌氧塔设备		
贮气柜设备		

4. 撰写大型沼气工程启动运行与管理技术总结：

第三节　大中型沼气工程管理实训

一、工程单元的运行管理实训

【职业岗位工作】

主要进行原料的前处理、进料量控制、搅拌、排泥等工作。

【工作环节与操作质量要求】

工作环节	操作方法和质量要求
认真监测运行参数 ↓	(1)运行参数包括每班或是每天的进料量，进排料液以及罐内各个采样点料液的温度、pH、COD含量和SS含量，对温度和pH需要每班监测。在没有掌握运行规律前，COD含量和SS含量需要天天监试，运行稳定以后，可以几天或是每周测一次。对于工业污水厌氧处理尤其需密切监视运行参数，更需要用监测挥发酸含量代替pH监测，这会比监测pH来得更及时。
利用监测数据指导工程运行 ↓	(2)通过监测沼气发酵运行中的各项数据，控制污泥的回流量、进料量温度等；把上述参数列成表格，用按时填报表格的方式督促岗位操作者认真负责地监控系统运行。也可以通过这些数据分析pH和温度的变化趋势，指导系统运行。
原料的前处理 ↓	(3)原料前处理是保证沼气发酵罐稳定正常运行的首要前提条件，其中包括沉沙，去掉大块杂物，清除浮渣等；把进料温度提到高出正常运行温度的3～5℃(指中温或高温运行的沼气工程，尤其是工业污水厌氧发酵)；用回流上调节进料的pH和料液浓度，进料浓度应低于6%，参照事先配好的样品进行比较；进料液的pH在5～7之间，根据罐内污泥含量高低而异。对于工业污水厌氧处理，还要适当调整进料的COD值含量，工程启动初期COD值含量不宜过高。对于畜禽污水来说，一般不需要进行pH的调理，可以直接进料。

进料量控制 ↓	(4)根据监测上述参数,确定每天的进料量。进料量过多,容易引起运行酸化,甚至运行失败;进料量过少,没充分发挥装置的效益。每天或每次进多少原料,在参考设计进料量的基础上,主要依据工程运行效果来确定:COD去除率达到80%,或沼气中甲烷含量50%以上,沼气火焰呈蓝色,罐内发酵料液pH为7左右。
沼气发酵装置的运行管理排出液的后处理 ↓	(5)工业污水沼气发酵的后处理,是进入下道工序的好氧处理工艺段;畜禽粪污沼气发酵的后处理,一是实现零排放目标,上清液或是回用稀释畜禽粪便,或是经过调质浓缩成为营养液的液面肥和无土栽培的液体肥。沼渣经过调质处理生产生物复合有机肥。发酵排出液实现零排放是最佳处理方案。另一种方案是达标排放,沼渣同样用作生物复合有机肥的原料,上清液或是流经氧化塘或人工湿地做进一步处理,或是采用污水好氧处理方法,最终达标排放。第二种方法运行费用较高经济效益又差,有条件的地方应尽量采用第一种即污水零排放的方法进行污水处理。
沼气发酵罐内料液的搅拌 ↓	(6)料液搅拌有机械搅拌、气搅拌或料液回流搅拌。无论哪种搅拌都要按设计的搅拌时间和速度规定进行。搅拌目的便于新入罐内的料液与罐内原有的污泥充分接触,便于微生物发酵充分,达到产气旺盛的目的。
沼气发酵罐排泥 ↓	(7)沼气发酵罐排泥应该定期进行,排泥开始前必须使罐顶贮气空间与大气或贮气柜连通和畅通,排泥阀渐渐开启,一定避免罐内形成负压。
沼气发酵罐定期清理 ↓	(8)沼气发酵罐排空清理时,必须使罐底入孔与罐顶安全入孔敞开,经过充分通风换气,注意安全防火和人身安全,进入罐内作业要有安全防护措施和他人监护措施。沼气罐恢复正常工作要按启动时的准备工作进行。
防寒防冻管理 ↓	(9)进入冬季前,特别是我国北方地区,应认真做好寒冬正常运行的管理工作,认真检查和加强阀门、水封、入孔、凝水器、管道、贮气柜水池、固液分离装置等部位的防寒保温措施。

泵及搅拌器类设备运行管理	(1)认真读懂设备出厂的使用说明书，严格按规定操作管理。 (2)水泵在运行中，必须严格执行巡回检查制度，并符合下列规定： ①应注意观察各种仪表是否正常、稳定。 ②轴承温度不得超过 75 ℃。 ③应检查水泵填料压盖处是否发热，滴水是否正常。 ④水泵机组不得有异常的噪声或振动。 (3)应使泵类机电设备(搅拌器等)保持良好状态。 (4)操作人员应保持泵房的清洁卫生，各种器具应摆放整齐。 (5)应及时清除叶轮、阀门、管道的堵塞物。 (6)水泵启动或运转时，工作人员不得接触转动部位。 (7)严禁频繁启动水泵。 (8)水泵运行中发现下列情况时，应立即停机。 ①水泵突然发生异常声响。 ②轴承温度过高。 ③电压表、电流表的显示值过低或过高。 ④管道或阀门发生大量漏水。
电器及监测仪表的运行管理	(1)认真读懂各仪表的出厂使用说明书，严格按规定使用操作。 (2)操作者应注意观察各种设备或系统的控制信号是否正常，并做好运行记录，发生故障应立即通知检修人员或运行管理人员。 (3)对控制仪器和显示记录仪表应按时察视，发现异常情况应及时采取措施。 (4)各类检测仪表的传感器、变送器和转换器均应按要求清污除垢。 (5)当仪表出现故障时，不得随意变动已布设的检测点，也不得随意拆卸变送器和转换器。 (6)控制室内所有控制仪器与设备应在规定的电压下工作。 (7)当发现某个工序故障报警或设备因故跳闸时，必须立即停机，检修必须在断电的情况下进行，在排除故障后方可重新合闸。

工作环节	操作方法和质量要求
固液分离机的运行管理 ↓	(1)仔细读懂设备使用说明书,按说明要求进行调整、操作和保养。 (2)固液分离机带负荷运行前,应空车试车。 (3)固液分离机在正常工作时应经常检查,根据水质及时调节进水量。 (4)根据分离出固型物的含水率,按工艺要求调节设备运行参数,保持分离机始终处于最佳工作状态。 (5)每班停机,应对固液分离机进行清洗。 (6)固液分离机运行时,不得触摸旋转部位。 (7)固液分离机运行时出现异常现象应立即停机检修。 (8)检修工作必须是在停机状态下进行。
调节池和酸化升温池的运行管理 ↓	(1)调节池和酸化升温池是厌氧发酵罐进料的前处理池,液位应保持设计要求的高度。 (2)经常检查浮渣去除装置的排渣情况。 (3)按设计要求定期排泥,排后及时关闭阀门。 (4)清捞浮渣,清扫堰口时,应采取安全监护措施。 (5)与排泥管道连接的渣井、廊道等,应保持良好通风。
贮气柜、净化设施和输气管路的运行管理 ↓	(1)对贮气柜运行管理的中心环节是防止漏气。经过试漏后启动运行的沼气贮柜,应定期更换浮罩顶盖上的安全防爆胶板,并设有防老化护罩措施。 防止漏气:经常检查水槽和水封中的水位高度,防止因水封高度不足而泄露,定期对柜体表面进行检查和涂刷油漆,防钟罩钢板腐蚀而穿孔漏气。 (2)贮气柜气体置换:贮气柜在启用前必须进行气体置换,分为沼气直接置换或惰性气体间接置换;采用的惰性气体有氮气、二氧化碳等。烟气的组成主要是氮气、二氧化碳,是比较经济的置换介质。还应该注意到:比重大的惰性气体适于置换比重较小的燃气;比重较小的气体适于置换比重较大的燃气。置换方法应按有关的操作进行,切实注意安全。

二、工程单元的安全管理实训

【职业岗位工作】

消化器的安全管理、贮气柜的安全管理、输配系统安全管理。

【工作环节与操作质量要求】

工作环节	操作方法和质量要求
安全生产与防火 ↓	当空气中 CH_4 的含量在5%～15%范围内时，遇明火或700 ℃以上的热源即发生爆炸，当 CH_4 与2倍以上的氧气混合时，遇明火或其燃点以上的热源时，即开始燃烧，并引起火灾。 (1)沼气站内管理人员必须严格按照沼气系统安全运行规程，进行安全生产。重视沼气的危害性和危险性，谨慎管理。 (2)沼气站内管理人员必须严格按照沼气设备产品说明书的规定进行管理与维护，保证沼气设备的正常运行。 (3)沼气站内一律禁止明火，严禁吸烟。沼气系统区域内严禁铁器工具撞击或电焊、气割操作。 (4)沼气站建立出入检查制度，严禁小孩及闲杂人员进入。严禁打火机等危险物品的带入。 (5)严禁沼气站内管理人员进入运行中的加盖集水池、加盖酸化调池、厌氧池(罐)、贮气罐等含有沼气的构筑物进行操作。这些构筑物需维修时，应严格按照安全维修操作规程进行。 (6)定期检查沼气管路系统及设备的严密性，如发现泄漏，应迅速停气修复。检修完毕的管路系统或储存设备，重新使用时必须进行气密性实验，合格后方可使用。沼气主管路上上部不应设建筑物或堆放障碍物，不得通行重型卡车。预防沼气泄漏是运行安全的根本措施。 (7)沼气储存设备因故需放空时，应间断释放，严禁将储存的沼气一次性排入大气。放空时应认真选择天气，在可能产生雷雨或闪电的天气严禁放空。另外，放空时应注意下风向有无明火或热源(如烟囱)。 (8)由于 H_2S 和 CO_2 比空气重，须防止在低凹处积聚(如检查井)，以防止人窒息。 (9)沼气站内必须配备消火栓、若干灭火器及消防警示牌，并定期检查消防设施和器材的完好状况保证其正常使用。

工作环节	操作方法和质量要求
厌氧消化罐日常安全管理	厌氧消化罐日常安全管理技术要点如下： (1)每天观察厌氧消化罐进出水是否正常。 (2)顶部的水封圈是否有跑气、跑料现象，如有跑气、跑料情况，应检查出水管和沼气管是否阻塞。 (3)定期给顶部的水封圈补充蒸发而损失的水分，并防止水封圈的内水结冰。 (4)厌氧消化罐周围和顶部严禁吸烟和电、气割等操作。 (5)定期检查厌氧消化罐的操作体、栏杆等金属构件的腐蚀状况，及时防腐处理。 (6)定期检修厌氧消化罐，防止罐内设备腐蚀损坏。 (7)在厌氧消化罐排空后，应将水封罩抬起，搁在平台上，再打开入孔，用鼓风机从入孔向罐内鼓风 2～3 d。并为了安全，操作人员不能立即进入，应先用活鸡、鸭作动物试验，检验罐内沼气对人是否有危险。在罐内清理时，不得使用明火和电灯照明，应采用安全灯照明。操作人员不得单独进入罐内，在罐内停留时间不得超过 30 min，如有不适应尽快出来，防止窒息。
贮气柜日常安全管理	贮气柜日常安全管理技术要点如下： (1)严禁在贮气柜周围吸烟、点火或试气。 (2)日常监测贮气柜周围及相关的管道和阀门，如有漏气现象，应及时排除。重新使用时，必须进行气密性实验，合格后方可使用。 (3)对于轮子的轴应半年加一次润滑油，保持轮子旋转自如；注意观察贮气柜升降是否卡位现象，如有应尽快找出原因并排除后方可继续使用。 (4)当消化系统停止运行时，应将贮气柜内气体完全放空，严禁贮气柜存放气体。

工作环节	操作方法和质量要求
运气输配系统安全运行 ↓	沼气输配系统安全管理技术要点如下： (1)压力控制：压力是沼气系统正常稳定运行的重要参数，必须随时观察压力的情况，如有异常应立即检查。如管道压力升高，则必须检查是否有管道堵塞、凝水器积水及积水结冰、脱硫塔中脱硫剂结块、贮气柜卡住等情况，如发现应立即排除；如管道压力降低，则必须检查是否有管道及沼气设备(贮气柜、脱硫塔、气水分离器等)破裂、泄露等情况。 (2)沼气管道的阻火：如果沼气系统存在负压，将在沼气管道内产生回火。回火会使温度升高，产生气体膨胀，从而破坏管道和设备，严重时会导致沼气泄漏并产生爆炸。因此，沼气管道上的阻火器应加强日常管理。如湿式阻火器应经常检查水封罐内的水位，随时补充蒸发掉或沼气带走的水分。水封高度一般控制在50～100 mm范围内；如干式阻火器应定期驱除金属丝网用洗涤剂清洗，目的是防止其阻力增大，更重要的是金属丝网上结垢太多时，其吸热速度及效率降低，影响其阻火功能。

三、沼气工程维护管理实训

【岗位工作任务】

主要包括控制系统、仪器仪表、泵类设备、厌氧消化器、贮气柜、固液分离机等设备的维护保养工作。

【工作环节与操作质量要求】

工作环节	操作方法和质量要求
维护保养总则	(1)运行管理人员和维修人员熟悉机电设备的维护规定。 (2)应对构筑物的结构及各种闸阀、护栏、爬梯、管道、支架和盖板等定期进行检查、维修及防护处理，并及时更换被损坏的照明设备。 (3)应经常检查和紧固各种设备连接件，定期更换联轴器的易损件。 (4)定期检查、清扫电气控制柜，并测试其各种技术性能。 (5)各种机械设备除应做好日常维护外，还应按设计要求或制造厂的要求进行大、中、小修。 (6)构筑物之间的连接管道、明渠等应每年清理一次。 (7)构筑物、构筑物的避雷、防爆装置的测试、维修及其周期应符合电业和消防部门的规定。 (8)精心控制及维护厌氧反应器，使其稳定正常运行。 (9)精心管理及维护贮气柜，使其连续稳定工作。 (10)定期检查厌氧反应器、贮气柜、沼气管道中的压力，防止超压和负压产生。 (11)及时排放凝水器内的冷凝水。 (12)定期清洗阻火器和过滤器。 (13)定期更换脱硫塔的脱硫剂，沼气中 H_2S 的含量必须低于 20 mm/m^3。 (14)定期检查贮气柜等设备及沼气管道的腐蚀情况，及时防腐处理。

工作环节	操作方法和质量要求
控制屏的清洁保养 ↓	1. 控制屏的清洁、维护保养技术要点如下： (1)应保持荧屏的清洁，不得积灰和附着水露。 (2)继电器的接触点应定期检查和更换，定期校验程序控制系统。 (3)电缆终端的卡钳应定期检查，保证接触紧密和无锈蚀。 (4)维修工作结束后，应保持电缆排列整齐，分类清楚。
仪器仪表的保养 ↓	2. 仪器仪表维护保养技术要点如下： (1)各部件清洁、无锈蚀；表盘标尺刻度清晰；铭牌、标记、铅封完好；定期检查更换防潮剂。 (2)使用酒精、清洗剂、超声波等清洗零部件，严禁使用对零部件有损害的清洗剂。 (3)仪器仪表中各元器件、探头、转换器和计算器应定期检修。 (4)仪器仪表的维修工作应由专业技术人员负责。贵重仪器维修工作应与专业维修部门或原生产厂家联系处理，不得随意拆卸。 (5)列入国家强制检定范围的仪器仪表，应按时送技术监督部门检定。 (6)仪表箱接地和电器控制柜、贮气柜避雷针接地连线要请持证电工定期检查，防止接地连线断掉、假接或电阻过大，遇到雷雨季节会酿成事故。 (7)大型贵重仪表应按出厂使用说明书要求进行维修保养，遇到难以判断的故障，应请生产厂家的售后服务部门维修保养。

工作环节	操作方法和质量要求
泵类设备的维修保养 ↓	(1)水泵的日常保养应符合《产品使用说明书》中的有关规定。 (2)在每次停泵后,应检查填料或油封处的密封情况,并根据需要填加或更换填料、润滑油、润滑脂;检查各部件螺丝是否松动。 (3)半年检查、调整、更换水泵进出水闸阀,填料一次。应至少半年检查水泵运行稳定性一次,定期检查水箱、叶轮、清除泵内垃圾。 (4)注意轴承的油位、油脂和温度,轴承的润滑油要定期更换。水泵润滑油工作500 h换一次,轴承润滑脂工作2 000 h换一次。 (5)备用泵应每月至少进行一次试运转。环境温度低于0 ℃时,必须放掉泵壳内的存水。
固液分离机维护 ↓	(1)按固液分离机使用说明书的要求定期保养、添加润滑油(脂)。 (2)当固液分离机发生故障或损坏等现象,应及时维修或更换部件,严禁带病运行。 (3)固液分离机不得超负荷运行;电气控制柜一旦跳闸时,应排除故障后方可重新合闸。
调节池、酸化升温池、集水池维护保养 ↓	(1)连接池的管道应定期清理。 (2)调节池应定期放空、清理积沙、检修计量装置和浮渣去除装置。 (3)正常运行后,定期排泥清污,经常检查排泥阀并进行保养。

工作环节	操作方法和质量要求
贮气柜维护保养 ↓	(1)定期检查沼气贮气柜、沼气管道及阀门是否漏气。 (2)沼气贮气柜外表的油漆应定期重新涂饰。 (3)沼气贮气柜的升降设施包括进出气阀应经常检查,添加润滑油(脂)。 (4)寒冷地区每年冬季前应检修沼气贮气柜水封的防冻设施。 (5)贮气柜的储存水每年必须更换一次。 (6)沼气贮气柜运行3～5年应彻底维修一次,所有气阀使用寿命到期必须强制更新。 (7)沼气报警装置应定期检查校验。 (8)浮罩顶盖的安全孔胶板定期检查更换,严防直接被阳光辐射老化。
厌氧发酵罐维护保养	(1)厌氧发酵罐的罐体、相连接的管道及阀门应定期检查和维修。 (2)厌氧发酵罐的各种加热设施应经常除垢、清通。 (3)当采用热交换器加热时,管道和阀门处的密封材料应定期更换。 (4)当采用螺旋桨等机械搅拌时,轴承应定期检查,添加润滑油,支承架的连接螺栓应经常检查和紧固。 (5)冬季应做好设备和管道的保温防冻工作,要特别注意溢流管、防爆装置的防冻。 (6)厌氧发酵罐运行3～5年应彻底清理、检修一次。 (7)正常运行1年时间后,适当进行罐底排污(也要防止菌泥流失),并清理顶部溢流堰内的沉积物。 (8)尽可能选用罐内没有运转部件和加热设施设在罐外的厌氧发酵装置。 (9)地下发酵池可参照上述要求进行适当维修保养。

【工程案例】

新疆呼图壁县迪蓝德沼气工程

一、工程概况

本项目建设地点在呼图壁县二十里店镇东北 5 km 处，312 国道北侧，距呼图壁县城 5 km。项目占地面积 250 亩。其中，沼气站和肥料厂占地 50 亩；其余为绿色、有机农产品种植生态农业示范基地。在项目区内严格分区布局，即分为生产区和辅助区，生产区由备料池、酸化池、厌氧消化器、贮气柜组成，辅助区由电机房、锅炉房、变配电间和办公用房组成。站内四周设 2 m 高的实体围墙和 2～3 个对外出口。

二、项目建设主要内容

(一)沼气制气站建设

(1)备料池：1 000 m^3 混凝土防渗池。

(2)格栅机：选用格栅间隙为 3.0 mm 格栅机。

(3)酸化池：1 000 m^3 混凝土防渗池。

(4)厌氧消化反应器：2 套 300 m^3 的 USR 厌氧消化反应器。

(5)脱硫塔：1 座 TS6 000 脱硫塔。

(6)压力贮气罐：2 套 40 m^3 的压力贮气罐。

(7)土建公用工程：有机肥厂房 300 m^2，压缩机房 50 m^2，配电房 30 m^2，仓库 300 m^2，辅助用房 200 m^2。

(二)有机肥厂建设

购进成套的有机肥加工设备。

(三)沼气输配系统

铺设中压管道 10 000 m，庭院管道 40 000 m，户内管道 6 000 m。

三、工艺流程

(1)牛粪通过管道或卡车运输入气站内备料池，经格栅机清除沉渣和杂草后，泵入酸化池酸化升温处理后 pH 值达到中性，前段处理后按干物质 4%与热水 96%比例泵入 USR 厌氧消化反应器内搅拌均匀，在中温条件下进行降解，温度设在 35～37 ℃之间，10 日内完成降解后，泵入灭菌罐进行脱水和灭菌，在 70 ℃温度下持续 60 min，沼渣输入微肥生产车间制备 KOM 有机颗粒微肥。工艺水除循环使用 60%部分外，其 40%工艺水即为沼液，经浓缩 30 倍后输入 KOM 活化堆土壤改良剂生产车间制备土壤改良剂。

(2)在厌氧消化过程中产生的沼气，通过干燥、脱硫后经压缩机输入压力贮气罐经一级调压后通过输配管网供气，经楼栋调压将压力调至通常压力，通过户内管道供用户使用。

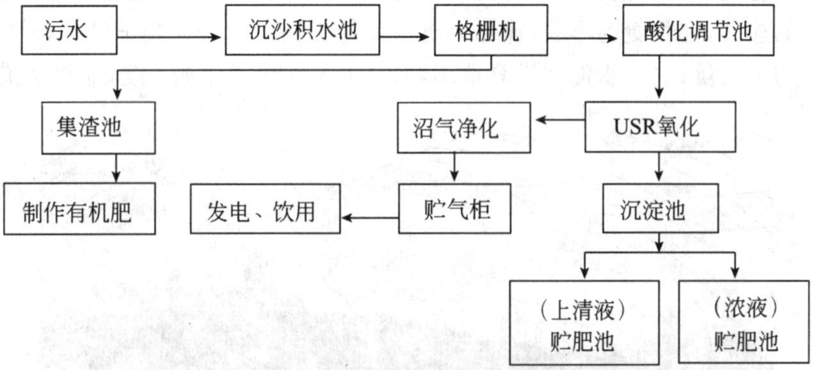

图 5-30　正在建设中的呼图壁迪蓝德沼气工程

第四节 知识拓展

中原地区辅热集箱式沼气工程简介

一、工艺特点

本装置的几何形状为长方形隧道式，底部由进料口下方呈5‰坡向出料间；发酵池旁为砖混结构，即池墙和隔墙下部4/5部分采用24墙砖，M10水泥沙浆专筑，上部1/5处用C20钢筋混凝土浇注24 cm×30 cm（宽×高）的圈梁。这样既可满足发酵池内沼液和沼气压力的需要，又便于顶部钢质集气与池墙上端圈梁内的预埋件的连接，密封更为牢固，操作也更为简易方便。同全混凝土结构池墙相比，不仅节约了大量钢材、水泥和模具费用，而且大大加快了建池进度，缩短了工期。

图5-31 辅热集箱式沼气工程图

本装置在发酵池上部的贮气部分改全砖或混凝土结构为太阳能集箱式全钢结构。内外多层防锈、防腐处理后，外涂高性能太阳能吸热涂层，高效率利用太阳能增加发酵温度，提高产气率。在早春和冬季，由于本装置上方建有钢管大棚支架，上面覆盖塑料温棚、预处理池、计量池、进出料间都设置在大棚内，避免了冷空气侵袭，又对太阳能加热后的料液进行了保温措施，料液发酵温度应保持在 20 ℃以上，达到了保温效果，为太阳能加热的沼气池夏季发酵的温度。

改大中型沼气工程输配系统常用的钢质管道为燃气专用 PE 管或 PVC 给水管道。不仅能满足沼气压力要求，增加气密性，而且减少了输气阻力，抗腐蚀能力强，大大延长了管道使用寿命，而且投资也大幅降低，施工简便，速度快。

二、主要装置及工艺参数

1. 发酵池

(1)发酵池容积的确定：发酵池容积主要根据每天粪便污水进料量和设计的发酵原料水滞留期(HRT)来确定。HRT 是指一个沼气池内的发酵液按体积计算为全部置换所需要的时间，通常以天为单位，可按本章第二节有关计算公式计算出池容。

(2)为方便施工，大中型沼气池设计为 100 m^3 池容为一个独立单元，如需建 300 m^3 容积的发酵池，可按设计几何尺寸大开挖，中间设置二道隔墙，即二隔三池进行并连。500 m^3 沼气池设置四道隔墙，即四隔五池进行并连。

2. 出料间

(1)出料间容积的确定：出料间容积按沼气池 24 h 产气量的一半来设计

即
$$出料间容积=\frac{沼气池有效容积\times产气率}{2}$$

(2)出料间可根据出料方式的不同而设置为中层出料和底层出料。出料间与发酵池的连通口大小应以方便施工、维修人员的进出为宜。

(3)出料间上加盖板，以防人畜掉入。

3. 预处理池(沉淀池)

(1)预处理池容积的确定：预处理池的容积大小一般要能储存 24 h 的粪便、污水量。

(2)预处理池与计量池连接处要在距池底 30 cm 处设置钢质格栅，以拦截原料中的各种杂物，如牛粪中的长草、鸡粪中的鸡毛等悬浮物，以免堵塞污泥泵或进入发酵池中形成结壳。格栅下部的 30 cm 容积为沉淀鸡粪，猪粪中的沙砾. 要在预处理池上设置高压水管，以搅拌冲淋原料拦截长草杂物和沉淀的泥沙要及时清除，如有条件可设置粪草分离器、固液分离器、搅拌器、切割泵等，将会收到更好的效果。

4. 计量池(酸化调节池)

计量池容积的确定一般为预处理池的 2～4 倍设计，应能容纳预处理池 24 h

污水粪便稀释后体积的总和，对各发酵池定量分配泵输，同时兼有酸化池作用，对原料加速厌氧消化大有好处。

5. 太阳能集气钢罩

(1)沼气发酵池内产生的沼气聚集于集气钢罩内，并通过其顶部的导气孔用管道输送至气柜。集气罩内刷防锈漆，环氧树脂防腐密封漆各一道，外部涂以防锈、树脂防腐漆和沥青保护油漆各一道，太阳能吸收率大于 80%，故能很好地利用太阳能给料液增温，达到中温发酵的温度要求。

(2)集气钢罩为 3 mm 钢板，集气罩与池墙螺栓连接，为钢质预埋件焊接，解决了集气钢罩受压变形。密封难的问题，提高了沼气池在运行中的耐久性，可靠性和稳定性。

(3)各钢质集气罩长 3 m、宽 1.5 m、矢高 0.75 m。

6. 钢质贮气柜

(1)钢质贮气柜容积的确定：可按发酵池总容积日产气量的 1/2～1/3 设计，气柜的出口压力可根据用气布点的多少和输送距离长短来确定，一般应控制在 2 500～5 000 Pa 之间。

(2)贮气柜的布置原则：贮气柜应布置在集中用气点附近，其优点是沼气从发酵池装置脱硫后，利用其自身压力送至气柜，不需消耗动力。且因输送途中无用户或很少用户，所以可采用较小管径，节约管道投资费用。由于贮气柜靠近用户，所以管线长度短，各用户灶前压力稳定，使灶具在良好状态下工作，具有较高热效率。

对于供气规模很小的沼气工程，可将气柜布置在气源附近，以利于统一管理。

7. 贮气柜水封池

(1)贮气柜水封池为了便于施工，可根据地下水位情况修建成半池上式。由于全钢结构耗资太大，一般修建为钢筋砼结构、池底、池墙均为双排钢筋，其钢筋直径和分布间距根据气柜容积大小和受力情况计算确定。

(2)气柜的进出气管道在穿越水封壁时，一定要在管道上焊制止水环，止水环四周的混凝土一定要捣实。

(3)水封池峻工后必须进行注水试验，48 h 不渗漏为合格。使用过程中，应勤检查水封池内水位情况，如损耗则应及时添加。

(4)气柜顶部四周和水封池外沿要设置钢管护栏，并设置爬梯，以保证施工、维修、参观人员的安全。并要在规定的范围内设置防火警示标志。

8. 沼气脱硫装置

建议在每个沼气用户购置使用简便小型脱硫器，不仅成本低，而且更新容易，效果也不错。

9. 脱水管理

本装置昼夜温差大，沼气中含水量较多，容易使管道堵塞，所以在沼气输配系统中应设置脱水装置。脱水装置应视输送距离长短均布设置，并设置在管道沟最低处，两端管道以3‰坡度坡向脱水器。脱水器下端应安装阀门，当输气管道被水堵塞造成沼气灯忽明忽暗，灶具火焰忽大忽小时，应及时打开脱水器排水阀门放水。

10. 塑料大棚

在沼气池上部设置塑料大棚是保证本装置高效率利用的一个重要配套设施。由于季节性、昼夜温差变化大，夏季和有阳光的时段，集气钢罩吸热快，增温效果好。但在冬季和夜间，其散热速度也较快。因此，配套塑料大棚保温是必不可少的措施。

(1)为防止冷空气袭入，进料口、预处理池、计量池、出料间都应设计在温棚内。

(2)温棚可不分季节变化、常年进行覆盖。

(3)大棚骨架用φ4分钢管焊成双层骨架(上下层间距150 mm)。上下层钢管间用φ6钢筋焊成"V"形支撑，骨架间距1 m，矢跨比1∶5，沼气池四周挡土墙用24砖砌筑，高度同钢集气罩等高。大棚骨架下端安装在挡土墙内，大棚骨架两端应设置活动门，以便人员进出。

11. 其他设置

(1)泥浆泵一台，由计量池往发酵池抽进原料，可设置为一泵多点进料。

(2)无堵塞切割型污泥泵一台。由出料间中下部抽取泥肥，输送至蔬菜大棚，苗木果园等用肥处。

(3)如冬季利用气量大，为满足供应，可选用我厂自行研制生产的秸秆、煤两用加热锅炉，给发酵池料液增温加热，以提高沼气池冬季的产气量。

(4)在具有一定规模的园艺场，无公害蔬菜生产基地，可选用我厂生产的固液分离机和成套沼液处理设备(沉淀罐、搅拌罐、过滤罐、分装罐等)处理后的固态肥料制成颗粒复合肥，液态肥料可用于蔬菜、果园喷灌、叶面施肥等。

三、施工技术要点

1.土方工程

沼气工程在场地平整及清理后，要根据总平面布置图上的设计要求进行定位与放线工作，同时进行高程测定，确定沼气池相关部位的标高。定位工作，一般用经纬仪及钢尺进行。土方基槽开挖要用机械进行，做到快挖快建，以防雨水侵入造成塌方，影响土壁稳定。

2.基槽放线

基础放线应根据基础的设计尺寸和埋置深度，土的类别及密实度，地下水位高低，气候条件不同情况，确定是否需留工作面和放坡，从而定出挖土边线和进行放线工作，确保沼气池各部位几何尺寸的精确。

3.基础施工

混凝土基础施工前，应检查基底，清除杂物，弹出基础的轴线及边线，有垫层的要弹出垫层的边线，如基础土质坚硬密度均匀，可直接在基础上，淤泥土等，则可先用河卵石或大粒碎石垫铺 20 cm 厚，作为垫层，然后在其上浇筑 C20 混凝土 20 cm 厚即可，也可先在基础上浇筑 C10 混凝土 10 cm 厚作为垫层然后在其上放置钢筋网，浇筑 C20 混凝土 20 cm 厚，混凝土要用平板振动器进行振捣。

4.砖墙施工

为节约钢材投资，加快建池进度，本装置的预处理池、计量池、出料间、发酵池墙、隔墙、挡土墙等部位均可用 4 墙砖 M10 水泥沙浆砌筑。要求必须用 Mu10 以上的机制砖，砖在砌筑前要浇水湿润，保证外湿内干。砌筑时做到横平竖直，竖封错开，灰浆饱满，砖墙与土壁之间要用回填土分层夯实，每层厚度不大于 30～40 cm，湿度在 30％左右，即手捏成团，落地即散为宜。

5.钢筋混凝土施工

本装置在沼气发酵池四周池墙、隔墙上端 1/5 处设计有 24 cm×30 cm 钢筋混凝土圈梁，沼气池贮气柜水封池底、池墙均要求浇筑钢筋混凝土，混凝土在施工前应先进行试配，并检测其强度指标，达到要求后方可使用，混凝土应分层进行浇捣，可用振捣棒进行振捣。每层铺设厚度不大于 30 cm，要求连续操作，振捣密实，不留施工缝，每两层相隔时间夏季不超过 2 h，冬季不超过 3 h。

对钢筋的直径、分布、间距、应符合图纸设计要求，不得随意更改。对钢筋的绑扎，搭接长度，弯钩或弯折，混凝土保护厚度等均应按照《混凝土结构工程施工与验收规范(GB 50204—92)》的规定严格操作。

气柜水封池壁的混凝土中可兑一定比例的抗渗剂，冬季施工时要掺兑一定比例的抗冻剂，以保证水封池的抗渗性能。

6.预埋件施工

预埋件必须安装位置精确，保持平整。埋置深度应不超过混凝土截面的 3/4，四周用混凝土填捣密实。

7.沼气池的粉刷

沼气池的粉刷是保证沼气池不漏水，不漏气的关键，因此要认真做好。可采用四道粉刷法：①砖或混凝土基面清理干净，保持湿润，刷水泥净浆 1 mm 厚。

②1∶2水泥沙浆粉1 cm厚，作为找平层。③1∶1水泥沙浆粉0.5 cm厚作为面层。④刮抹纯水泥灰膏0.2 cm厚，抹平收光不现沙粒.然后在其上刷水泥净浆或沼气密封胶浆2～3遍即可。

8.钢质贮气柜和钢质集气罩的焊制

应严格按照图纸设计的几何尺寸加工制作，钢板厚度要满足设定沼气压力的需求，焊缝进行内外满焊，气柜应按设计压力计算配重，并安置超限气压排气阀。运行过程中有卡轨、脱轨现象。气柜、气罩内外均按要求进行防锈、防腐处理，做到漆膜均匀，不得有漏刷现象。

9.沼气系统的调试及试压

沼气工程竣工后，应对沼气池的密性、抗渗性及沼气的输配系统，沼液综合利用设备进行检验、调试，经检验合格后方可投料运行，决不允许未经检验不合格就投料，否则将给维修带来很大麻烦。

沼气发酵池、气柜蓄水池应进行注水试验，并记下水位标记，观察48 h，水位不下降、池壁、池底无渗漏为合格，气柜、集气钢罩经充气达6 000～10 000 Pa压力，观察24 h，漏损率小于3%为合格。输气管道用表压为3 000 Pa的空气检验，10 min内压力无下降。

第六单元 生活污水净化沼气池实训

【岗位工作能力要求】

从事中小城镇、居民小区、学校等单位的粪便及污水处理工作，采用沼气池净化技术处理粪便及生活污水并达标排放；从事生态校园建设等工作岗位，要求学生必须具备以下职业能力及素质。

(1)勇于吃苦耐劳，不怕脏，善于与农民沟通交流，具有一定的组织协调能力。

(2)能够识别、看懂净化沼气池的工程图纸，并有效地指导施工队开展建池工作，会检查验收沼气净化工程(前处理池、沼气池、后处理区)的质量。

(3)熟悉合流制工艺、分流制工艺的运行管理技术，能解决在日常运行中出现的问题，有效排除运行故障。

(4)会设计简单的生活污水沼气净化工程图纸，能够开展生态校园的规划、设计与建设。

【教学目标与要求】

(1)搞清生活污水净化沼气池的原理、工艺、施工、运行和管理知识，重点掌握生活污水净化沼气池运行管理的关键技能。

(2)学习掌握分流制工艺流程施工建设与运行管理技术。

(3)学习掌握合流制工艺流程施工建设与运行管理技术。

(4)学会卫生新校园(生态校园)的规划设计与建设。

第一节 岗位技术概述

一、生活污水净化沼气池原理及功能

我国多数中小城镇及大城市的郊区排水系统及生活污水净化系统不完善，由于受到建设资金的限制，短期内无财力修建污水处理厂，但为了净化环境，减少疾病发生，可采取实施小型分散的城镇生活污水净化沼气工程的方法来处理生活污水。该方法适宜于小城镇、居民小区、医院、学校、宾馆等。

(一)工作原理

1. 合流制工艺

合流制生活污水净化沼气池原理如图 6-1 所示，它是一个集水压式沼气池、厌氧滤器及兼性塘于一体的多级折流式消化系统。粪便污水和生活污水经格栅去除粗大固体后，在经沉沙进入前处理区，在这里粪便和污水进行厌氧发酵，并逐步向后流动，生成的污泥及悬浮固体在该区的后半部沉降并沿倾斜的池底滑回前部，再与新进入的粪便混合进行厌氧发酵。

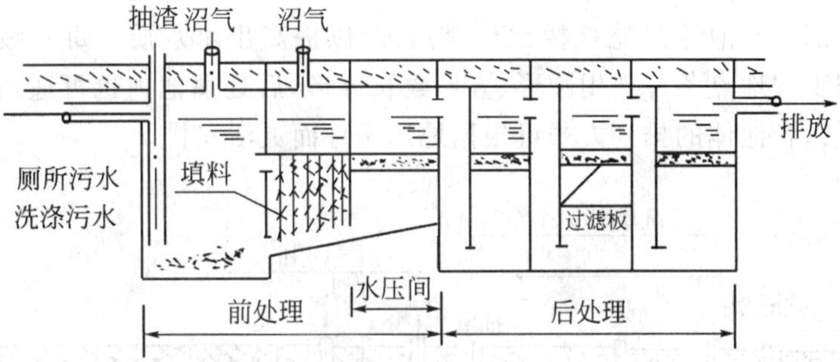

图 6-1　合流制生活污水净化沼气池

清液向后流动进入厌氧滤器部分，在这里附着于填料上生物膜中的细菌将污水进一步进行厌氧消化，再溢流入后处理区。后处理区为三级折流式兼性池，与大气相通，上部装有泡沫过滤板拦截悬浮固体，以提高出水水质。每一级池体的形状，可根据工程地点条件选用圆形、方形或长方形，后处理池内也可适当加入软填料或硬填料，各池体的排列方式可根据地形条件而灵活安排。

在前处理区，粪便污水中的有机物在不同种类微生物的作用下，经过液化→酸化→汽化等阶段的复杂降解反应，最终生成甲烷和二氧化碳。厌氧条件下粪污中的营养物质，在供给微生物自身生长繁殖，形成新细胞的同时，释放出一定的能量，转变成甲烷和二氧化碳，这是一种优质气体能源——沼气。

在后处理区，污水中的有机物也要经历几个阶段的消化反应，而最终主要生成二氧化碳和水，但好氧条件下有机物的消化还得需要另外供给较多的能量繁殖形成新细胞，同时产生的污泥量是厌氧条件下的 6～10 倍。

由于生活污水的可生化性很好，因此采用厌氧和好氧技术发酵处理污水效果良好，不但不耗能，反而产生能源，污泥与残渣的减量显著。

2.分流制工艺

分流制生活污水净化沼气工程原理如图6-2所示。它也是一个集水压式沼气池、厌氧滤器及兼性塘于一体的多级折流式消化系统。粪便经格栅去除粗大固体后,再经沉沙进入前处理区Ⅰ,在这里粪便进行沼气发酵,并逐步向后流动,生成的污泥及悬浮固体在该区的后半部沉降并沿倾斜的池底滑回前部,再与新进入的粪便混合进行沼气发酵。清液则溢流入前处理区Ⅱ,在这里与粪便以外的其他生活污水混合,进行沼气发酵,并向后流动进入厌氧滤器部分,在这里附着于填料上生物膜中的细菌将污水进一步进行厌氧消化,在溢流入后处理区。前处理区Ⅰ和前处理区Ⅱ都是经过改进的水压式沼气池,后处理区为三级折流式兼性池,与大气相通,上部装有泡沫过滤板拦截悬浮固体,以提高出水水质。每一级池体的形状,可根据工程地点条件选用圆形、方形或长方形,后处理池内也可适当加入软填料或硬填料,各池体的排列方式可根据地形条件而灵活安排。

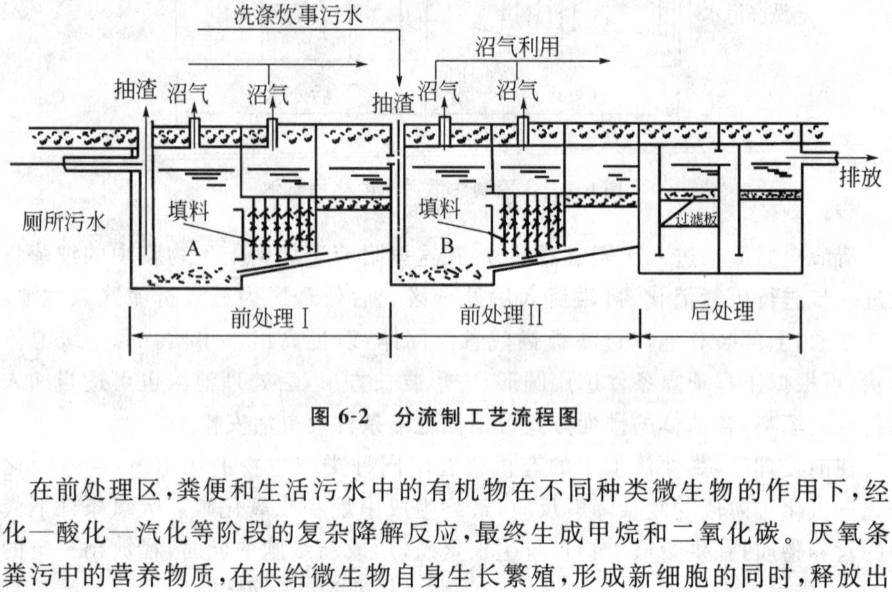

图6-2 分流制工艺流程图

在前处理区,粪便和生活污水中的有机物在不同种类微生物的作用下,经过液化—酸化—汽化等阶段的复杂降解反应,最终生成甲烷和二氧化碳。厌氧条件下粪污中的营养物质,在供给微生物自身生长繁殖,形成新细胞的同时,释放出一定的能量,转变成甲烷和二氧化碳。

在后处理区,污水中的有机物也要经历几个阶段的消化反应,而最终主要生成二氧化碳和水,但好氧条件下有机物的消化还得需要另外供给较多的能量繁殖形成新细胞,同时产生的污泥量是厌氧条件下的6～10倍。由于生活污水的可生化性很好,因此采用厌氧和好氧技术发酵处理污水效果良好,不但不耗能,反而产生能源,污泥与残渣的减量显著。

分流制生活污水净化沼气工程具有以下工艺特点：

(1)将生活污水与厕所粪水分别排入厌氧消化。

(2)两级前处理：一级厌氧消化池 A 专门处理排入的粪便，二级厌氧消化池 B 处理沐浴、洗涤、煮炊等排出的和经 A 池处理后流出的混合污水，这样延长了污水中粪便的处理时间，提高了卫生效果，同时也使其他生活污水得到较好的消化处理。

(3)前处理池结构：两个厌氧池的有效池容积约占总有效池容的 50%～70%，而其中 A 池又比 B 池小，两池的几何形状可根据地理位置设计修建，池内有隔墙，以延长污水的滞留期，每池内有深浅不同的底部，利于污泥、沉降的有机物与虫卵回流集中，使其充分降解并消灭虫卵，出水方向有软填料，用其富集厌氧微生物，从而充分降解有机物，促使多产气，同时在出水间还有过滤器，进一步过滤污水中的悬浮物。

(4)后处理主要为兼性消化，是上流式过滤器，通过三级过滤与好氧分解，使污水获得进一步处理，然后排入下水道。

(二)功能与特性

生活污水净化沼气池适用于近期内无力修建污水处理厂的城镇或污水管网以外的单位、办公楼、居民小区、宾馆、学校和公共厕所。是将污水厌氧消化、沉淀、过滤等处理技术融于一体而设计的处理装置，其性能明显优于通常使用的标准化粪池，目前在全国已修建了 11 万多处。经处理后的出水水质要求：粪大肠杆菌群值$\geqslant 10^{-4}$、寄生虫卵数 0～5 个/L、$BOD_5<60$ mg/L、$COD<150$ mg/L、$SS<60$ mg/L、色度<100、pH 6～9。经调查，处理后的生活污水水质：BOD_5 为 50 mg/L、粪大肠杆菌群值$>10^{-4}$、寄生虫卵数为 0.565～1.074 个/L，均达到了国家标准所规定的粪污处理无害化标准，并且净化沼气池的出水中无蚊蝇滋生。每 10～12户家庭的生活污水所产生的沼气，可供一户用作炊事燃料。

城镇生活污水净化沼气工程是就地就近将污水进行处理，使之达到国家二级污水处理的标准，既提高了人们居住环境的卫生质量，又减少对环境的污染，保护生态，同时还能获得少量的优质气体能源。

(三)特点

生活污水净化沼气池是将分散的生活污水在源头将其处理，改善居住条件，保护了环境卫生，美化了城市。同时经处理的污水，可直接用于农田灌溉或排入江河水域中，减轻了水体富营养化，有利于保护水源清洁等，具有良好的环保效果。

用这种方法来处理城镇生活污水，投资少、见效快，资金分散，不用国家专门投资，自筹少量资金即可建设。由于经过厌氧处理，使得污泥量减少95%，清运污泥量随之减少，又缓解了城市目前运粪难的矛盾。

二、生活污水净化沼气池工艺介绍

(一)工艺流程

1.合流制

污水净化沼气处理工艺应根据污水的性质、粪污是否分流、容积大小等来具体确定。

合流制生活污水净化沼气工程，其生活污水经沉沙池进入前处理区，经厌氧发酵后，再进入后处理区，其工艺流程如图6-3所示。

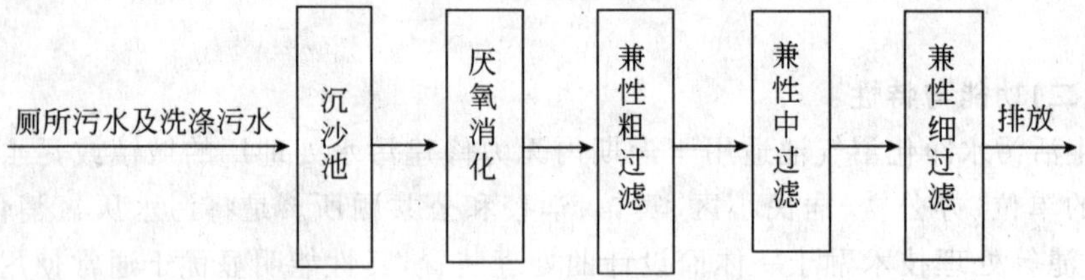

图6-3 合流制生活污水净化沼气池工艺流程

2.分流制

分流制生活污水净化沼气工程工艺流程如图6-4所示，厕所粪污经沉

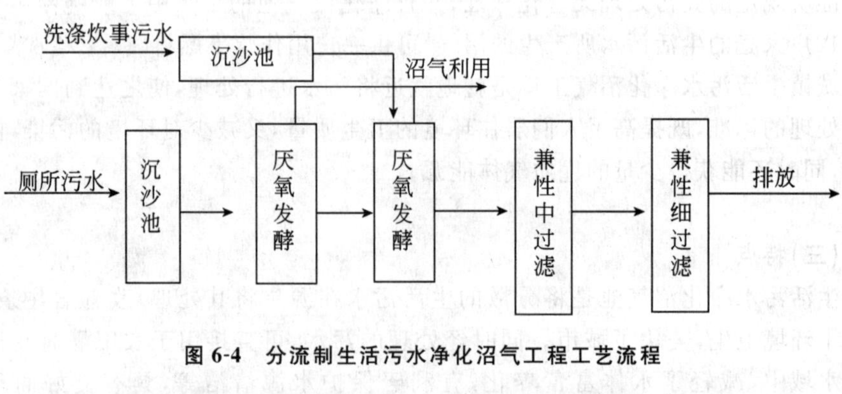

图6-4 分流制生活污水净化沼气工程工艺流程

沙池进入前处理区1,进行厌氧发酵,生活污水经沉沙池前处理区1,在此与厕所粪污混合,进行厌氧发酵,之后再进入后处理区,经过中滤和细滤后排放。

如建池地点有地形可利用,或沼气池排入的水体对氮、磷浓度有要求时,在本流程后再接好氧处理,使工艺流程更完善。具体做法是:地形有高差可利用,在加以耗氧生物滤池,可以碎石、炉渣为填料。如滤池出水仍达不到要求时,应后接氧化塘处理,塘内种植水葫芦、水花生、绿萍等水生植物,以吸收污水中的氮和磷,使出水水质达到国家二级排放标准。

(二)工艺结构

生活污水净化沼气池排列方式分为条形、矩形和圆形3种,各工程可根据工程现场地面和地形情况选用不同的排列方式。

为了施工方便和有效地收集沼气,有些地方将前处理池设计为与家庭水压式沼气池相似的圆形池,后处理仍采用方形或长方形池。池型虽然不同,但其都由以下功能区构成:

1. 预处理区

预处理区包括格栅和沉沙池。格栅主要功能是去除体积较大的固体渣子,如布条、大型动植物残体、塑料制品、砖瓦碎片等,格栅间隙以1～3 cm为宜。沉沙池可去除较小颗粒的渣子,如沙炉渣之类。沉沙池为方形、矩形、圆形均可。

2. 前处理区

前处理区的功能是截流粪便,特点是把粪便污水和生活污水中的有机质在该区进行厌氧发酵,延长粪便在装置中的滞留时间。因污水量较多,在该区挂有填料作为微生物的载体,发挥厌氧接触发酵的优势。由于软纤维填料挂膜后容易结球,使表面积缩小影响处理效果。近年来,国内研究生产了半软性填料,由变性聚乙烯塑料丝制成,是一种具有一定弹性的管刷状填料,其效果优于各种硬填料和软纤填料,经测定表明,可提高COD去除率10%～25%。

厌氧池的有效池容占总有效池容的50%～70%,池的几何形状可根据地理位置设计修建,池内有隔墙,以延长水的滞留期;池内有深浅不同的底部,利于污泥沉降的有机物与虫卵回流集中,使其充分降解并消灭虫卵;出水方向有软填料,用于富集厌氧微生物，从而降解有机物，促使多产气。同时在出水间还有过滤器，进一步过滤污水中的悬浮物。

3. 后处理区

后处理区是应用上流式过滤器进行兼性消化，通过三级过滤与好氧分解，使污水获得进一步处理，然后排入下水道。

后处理区各处理池与大气相通，各段间安有聚氨酯泡沫板作为过滤层，截流悬浮物，提高出水水质，污水由上流过，不淤塞。

第二节 生活污水净化沼气池技术实训

一、基本知识

对居民楼生活污水合流式及分流式净化沼气池，实验楼及招待所净化沼气池，水冲式公厕及半水冲式公厕净化沼气池等6座净化沼气池进行了定点统计，结果列于表6-1。

表6-1 6座净化沼气池工艺参数

池号	种类	使用人数	总池容(m^3)	平均池容(m^3)	HRT(d)
1	居民楼合楼式	48人	16.8	0.35/人	3.5～4.5
2	居民楼分楼式	125人	30.0	0.24/人	4.0
3	实验楼厕所	250人	30.0	0.12/人	3～5
4	招待所	250床	62.2	0.25/人	4
5	水冲式厕所	14蹲位	56.6	4.0/蹲位	不详
6	半水冲式厕所	14蹲位	43.7	3.12/蹲位	12～14

各池均由专业沼气施工队修建，以保证建池质量。竣工后应指派专人管理，并观察运行情况，各池一直保持正常运转。

上述各池运行1～4年后，按常规采样方法分别从各池出口取水样，每月1次或每季度连续3次，各池均持续一年采样12次。样品均分别按国家标准检验方法或公认的常规检验方法测试色度、pH、SS、COD、BOD、NH_3-N、粪大肠杆菌值及寄生虫卵数等项目。6座净化沼气池出水样品测试的统计结果列于表6-2。

表 6-2 6座净化沼气池出水样品测试的统计结果

池号	色度（度）	pH	COD（mg/L）	BOD（mg/L）	SS（mg/L）	NH_3-N（mg/L）	粪大肠菌值	寄生虫卵数（个/L）
1	16	6.9～8.2	85.3	53.3	17.2	16.8	10^{-6}～10^{-4}	0.4
2	35	7.3～8.2	87.0	44.6	22.2	65.3	10^{-5}～10^{-4}	0.2
3	51	7.37～0.6	98.4	51.1	30.1	22.6	10^{-4}～10^{-1}	0.0
4	10	7.3～8.4	36.7	16.9	27.9	12.8	10^{-6}～10^{-4}	0.1
5	66	7.0～7.4	105.5	54.9	18.3	14.2	10^{-5}～10^{-4}	0.3
6	106	7.7～8.7	106.2	34.7	24.5	—	10^{-4}～10^{-2}	1.8

测试结果显示：除少数池子个别指标（1号、5号池的BOD和2号池的NH_3-N）略为偏高外，其余各池绝大多数水样所测得的各项生化指标均达到了《污水综合排放标准》（GB 8978）的一级现有标准。其中全部水样的pH、SS、1～4号池的色度、COD；4号池的BOD，4、5号池的NH_3-N，均达到一级新修改标准。冲水量较少，水力滞留期长达12 d以上的3、6号池，粪大肠菌值达到《粪便无害化卫生标准》（GB 7959）所规定的值，但色度偏高。相反，冲水量较多、滞留期只有3.5～4.0 d的池子，有少部分样品粪大肠杆菌值未达到标准要求。各池去除寄生虫卵的效果均极好，都超过了标准的要求。

二、职业岗位能力训练

（一）生活污水净化沼气池的施工技术实训

【职业岗位工作任务】

生活污水净化沼气池是主体建筑物的局部污水处理构筑物，是市政排水系统的组成部分。净化沼气池的施工必须严格遵守国家相关规范，接受当地行政主管部门和工程质量检定部门的管理，按照国家建设工程项目管理的程序和要求进行施工。净化沼气池的施工按照以下程序进行：

施工前的准备工作→按有关要求准备施工材料→垫层施工→底板施工→墙体施工→顶盖的施工→密封层及防腐层的施工→填料及滤料的施工→工程质量验收资料（技术核定单及检验记录）。

【工作程序及操作质量要求】

工作环节	操作方法与质量要求
施工前的准备 ↓	熟悉工程图纸→标高衔接→确定基础土方开挖方案→图纸会审→提交施工方案→申请施工许可证→提交开工报告。
材料准备与要求 ↓	准备好砖石材料→抗渗性检验→抗冻性检验→抗腐蚀性检验。
垫层施工 ↓	准备好垫层材料(混凝土)→基层清理、湿润→测出垫层标高→搅拌混凝土→铺设混凝土→养护。
底板施工 ↓	模板拼装→钢筋铺设→现场搅拌混凝土→连续浇筑混凝土→养护。
墙体施工 ↓	材料准备(砖、沙浆)→施工准备→墙体砌筑→灰浆饱满。
顶盖施工 ↓	模板拼装→钢筋铺设→混凝土现浇→养护。
密封防腐层施工 ↓	水泥沙浆基层施工→表面处理→四层做法→养护→UMP涂料涂刷2次。
填料、滤料施工 ↓	填料安装固定→固定框架制作→填料束绑扎→铺设滤板→放置混凝土块或石块。
工程验收报告	技术文件→建筑工程隐蔽检验记录→技术核定单。

图 6-5　圆形池施工现场

图 6-6　矩形池施工现场

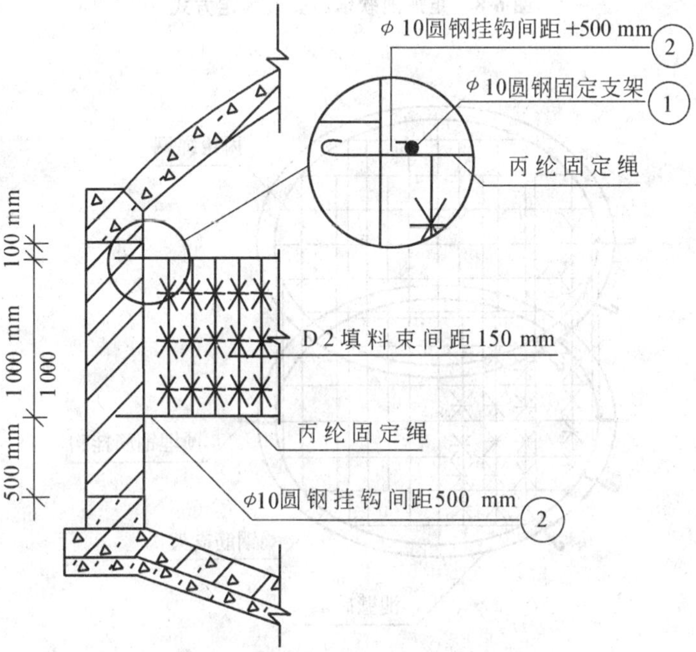

图 6-7　圆形池半软填料安装固定方式

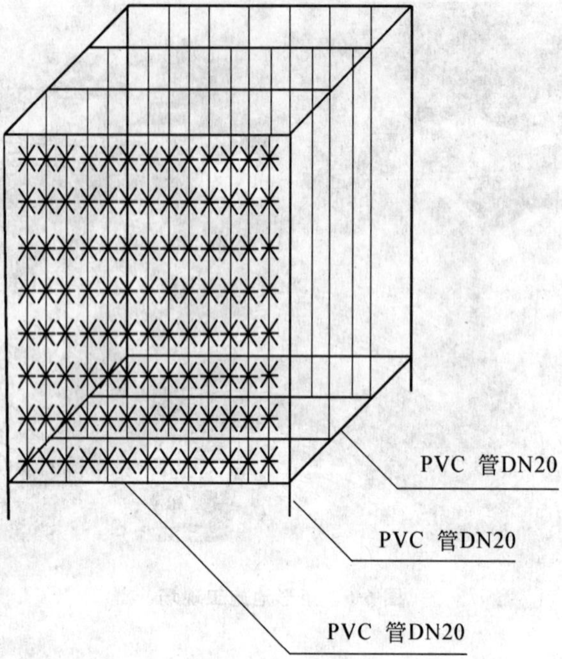

图 6-8 矩形池软填料安装固定方式

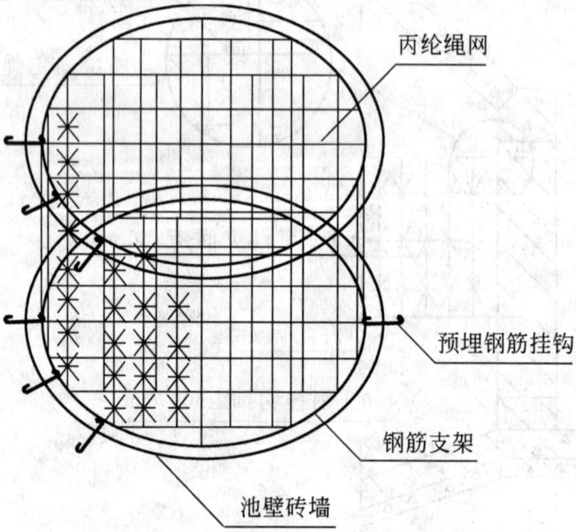

图 6-9 圆形池填料安装方式

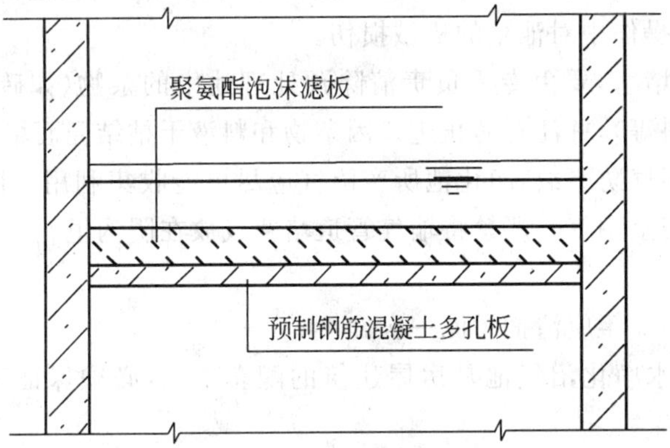

图 6-10 滤料安装固定方式

(二)生活污水净化沼气池运行技术实训

【职业岗位工作任务】

(1)掌握生活污水净化沼气池运行管理的要点。

(2)掌握分流制与合流制工艺运行管理的关键技术。

(3)具备生活污水净化沼气池启动运行的能力、管理与维护的能力。

【工作程序与操作方法要求】

1. 启动运行与管理要点

合理设计、可靠施工、精心管理是确保生活污水净化沼气工程正常运行的三个主要环节。其中日常管理工作必须做到以下几点：

(1)凡推广污水净化沼气池的地方，应实行专业化施工和承包管理，以保证正常运转。

(2)建立工程档案和管理记录。

(3)每年应清掏污泥一次。

(4)每隔 4～5 年须更新聚氨酯过滤泡沫板，每过 5 年要更新填料。

(5)注意安全，避免发生火灾、窒息事故。

(6)防止毒物进池，严禁有毒物质如电石、农药和家用消毒剂、防腐剂、洗涤剂等入池。医院污水的处理要增加消毒设施，其他生活污水的出水在必要时，应进行季节性的消毒。

(7)卫生防疫站及环保监测站对出水要定期进行监测，对出水水质达不到排放标准的工程，要进行改造或更新填料或更换过滤泡沫板

(8)防止机械损伤池体,一是防止超过设计负载的车辆驶进池面;二是防止出料、更换填料等操作中对池壁的机械损伤。

(9)进料防堵塞,要由专人负责清除预处理池中的杂物(如砖头、瓦块、石头、玻璃、金属、塑料等),并注意防止进口因杂物和料液干枯结壳而堵塞进口管。

(10)安全用气防事故,净化池所产沼气应尽可能收集利用。用户应按照沼气使用操作规程安全用气。严禁将输气管道堵塞或放在阴沟里。

2. 注意事项

(1)每隔 1～2 年应清掏污泥一次。

(2)生活污水净化沼气池是房屋建筑的配套工程,必须保证工程设计标准和建筑质量。

(3)在规划建设时要因地制宜,南北地区有别。

3. 常见技术问题解决

(1)生活污水净化沼气工程的优点:小城镇污水处理厂的生活污水处理工艺,多采取好氧曝气法,虽然净化效果显著,能够达到国家一级排放标准,但投资成本较大,不宜全面铺开;传统的化粪池虽然施工简单、投资较小但沼气能源得不到利用;而净化沼气池工艺兼顾了污水处理厂和化粪池的优点,既投资成本低、又有较好的净化效果,还可收集沼气能源,适宜大范围的推广应用。

(2)分流制与合流制工艺处理生活污水哪种效果更好?分流制是一个集水压式沼气池、厌氧滤器及兼性塘于一体的多级折流式消化系统,有两个沼气池(A 池和 B 池)。它将洗涤污水与厕所污水分开进行处理,处理效果相对较好。合流制工艺只有一个沼气池,是将生活、洗涤污水与厕所污水一起进行处理,因而效果不如分流制好。

4. 卫生新校园(生态校园)的建设要采用沼气净化池,其工艺流程是什么?

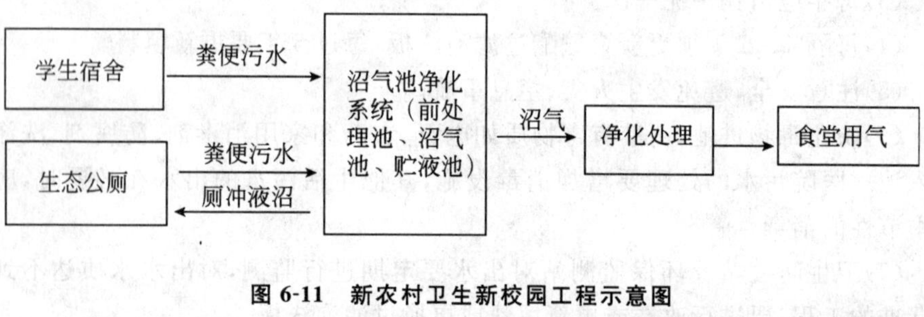

图 6-11 新农村卫生新校园工程示意图

【思考分析题】

1. 分流制生活污水净化沼气池的原理是什么？
2. 合流制生活污水净化沼气池的原理是怎样的？
3. 生活污水净化沼气池的用途和功能是怎样的？
4. 合流制生活污水净化沼气池的工艺流程怎样？
5. 生活污水净化沼气池的工艺参数如何计算？
6. 生活污水净化沼气池由哪些部分构成？各部分有什么作用？
7. 生活污水净化沼气池施工分为哪些工序？各工序应掌握什么技术要点？
8. 生活污水净化沼气池运行应掌握什么技术要点？

三、顶岗实习工作过程作业记录单

1. 规划与选址记录：

净化工程建设地址		施工单位名称	
所采用的工艺类型		工程造价	元

2. 净化沼气池施工用料单：

沼气池类型		池　容	m^3	水泥标号	
水泥用量	t	沙石用量	m^3	钢筋用量	t
红砖用量	块	泡沫板用量	kg	管材用量	m

3. 施工作业质量检查验收报告单：

检查验收项目	检查验收记录(施工质量、技术指标)	评价
净化沼气池施工		
厌氧滤器施工		
兼性塘施工		
试漏性检验		

4. 运行管理工作记录：

(1)工程启动记录：

(2)运行管理记录：

(3)故障排除记录：

5. 撰写生活污水净化沼气技术工作实习总结

第三节 知识拓展

四川地震灾区生活污水净化处理方案

“5·12”四川汶川特大地震发生以后，多数沼气池破裂、变形甚至报废，灾区的粪便污水处理及灾民的能源供应问题成为灾后重建家园的一项重要内容。为此，成都沼气科研所特设计了两套处理方案。

一、地震灾区居民半永久安置点生活污水处理方案Ⅰ(合流制方案)

1. 污水水量

安置点生活污水水量按 120 L/(人·d)估算，其中，黑水(粪尿及厕所冲洗污水)30 L/(人·d)，灰水(包括厨房、沐浴、盥洗污水)90 L/(人·d)。

2. 合流制工艺流程

沼气净化——→做生活燃料
↑沼气
生活污水——→格栅——→净化沼气池——→人工湿地——→沙滤池
↓
排入地面水体

图 6-12 方案Ⅰ工艺流程框图

合流制即黑水与灰水混在一起排放，适合每户有厕所的情况。生活污水(包括黑水与灰水)经过净化沼气池处理后，在离居民安置点 500 m 以外、净化沼气池出水再经过人工湿地、沙滤池进一步处理后排入地面水体。

二、地震灾区居民半永久安置点生活污水处理方案Ⅱ(分流制方案)

1. 分流制工艺流程

沼气净化——→做生活燃料
↑沼气
厕所黑水——→沼气池——→消毒——→做肥料
黑水——→格栅——→工人湿地——→沙滤池——→排入地面水体

图 6-13 方案Ⅱ工艺流程框图

分流制即黑水与灰水分别排放，适合使用公共厕所的情况。黑水经过沼气池净化处理，再经过消毒后，用作农田肥料。灰水直接经过人工湿地、沙滤池进一步处理后排入地面水体。这种方案能达到更好的卫生效果。

2. 方案Ⅱ装置容积及建材估算，详见下表

净化沼气池						人工湿地及沙滤池				
容积（m^3）	砖（匹）	水泥（t）	沙（m^3）	碎石（m^3）	钢筋（kg）	面积（m^2）	砖（匹）	水泥（t）	沙（m^3）	碎石（m^3）
50	5 000	6	12	4	330	40	3 500	4	8	2.4
140	14 000	16	32	10.5	900	150	13 000	13	25	8
230	23 000	26	50	17	1 500	240	21 000	22	45	15
460	45 000	50	102	35	3 000	480	40 000	40	85	30

第七单元　沼气发酵产物的综合利用实训

【岗位工作能力要求】

从事沼气生产与综合利用技术工作岗位要求在掌握农村户用沼气技术、大中型沼气工程基础理论知识和相关技能的前提下，还需要具备以下职业能力：

(1)农村工作经历和工作经验，能与沼气项目户进行有效沟通，有效落实生产任务。

(2)适应农业企业组织管理环境，熟知劳动生产安全规定，以企业员工身份进行团队工作，能有效交往沟通。

(3)了解沼气发酵产物的成分，N、P、K 等养分的含量，熟知其增产作用及抗病驱虫作用。

(4)掌握沼液在种植业及养殖业中的应用技术。

(5)掌握沼渣在种植业及养殖业中的应用技术。

(6)能够发现沼液、沼渣在应用中存在的问题并及时解决。

【教学目标与要求】

沼气、沼液、沼渣统称为“三沼”，其综合利用的领域非常广阔，尤其是沼气的应用不仅在农业方面，在工业领域的应用也非常广泛。本单元主要介绍沼液及沼渣在农业方面的应用，通过课堂教学与顶岗实训应达到以下教学目标：

(1)学会沼液、沼渣中营养成分的测定。

(2)学习掌握沼液在种植业、养殖业中的应用技术及注意事项。

(3)学习掌握沼渣在种植业、养殖业中的应用技术及注意事项。

(4)熟知沼气发酵产物的综合利用存在的问题并提出解决办法。

第一节　岗位技术概述

沼气发酵不仅是一个生产沼气能源的过程，同时也是一个造肥的过程。在此过程中，作物生产所需要的 N、P、K 和多种微量元素基本上都保持了下来，同时还存储了丰富的氨基酸、B 族维生素、各种水解酶、生长素、对病虫害有抑制作用的物质或因子。因此，具有植物营养、抗病驱虫、增产增收、增进畜禽食欲快速生长等多种功效。它既是一种优质的有机肥料施用于种植业，同时又是一种良好的饲料添加剂，用于养殖业。

沼气及沼气发酵产物（沼液及沼渣）在农业生产中的直接利用统称为“沼气的综合利用”，有的地方又称作“三沼”的综合利用（沼气、沼液、沼渣的利用）。沼气发酵产物不仅可以解决生活能源，而且可以当成一种农业生产资料，作为肥料、饲料和饵料，用于作物浸种、防治农作物病虫害、提高蔬菜及果品产量和质量，已成为发展庭院经济、建设生态农业、增加农户收入的重要手段，另一方面也是无公害及绿色农产品生产的重要途径。从而开拓了沼气研究技术的新领域。

“三沼”的综合利用充分体现了我国发展沼气的特点和优点，在解决农村清洁能源的同时，又产生了优质的有机肥料。沼气发酵产物的综合利用技术把肥料技术的应用发展到一个新领域，将农民生活用能和农业生产用肥紧密地结合起来。沼气的综合开发利用不仅节省了资金，而且大大提高了农民的生产、生活条件。有效地促进了农村种植业、养殖业的良性循环与发展，充分发挥“三沼”的最大综合效益，对建设社会主义新农村、发展循环经济具有十分重要的作用及意义，可取得良好的经济、社会及生态效益。

“三沼”的综合利用，包括沼气的综合利用、沼液的综合利用及沼渣的综合利用。本单元主要介绍沼液（液体）、沼渣（半固体）的综合利用技术，沼气的综合利用技术作为知识拓展了解其应用领域即可，不要求职业岗位能力训练。

第二节　沼气发酵产物的综合利用技术实训

一、基本知识

沼液是沼气发酵过程中所产生的液体物质，正常发酵的沼液呈酱油色且泡沫丰富，稍有臭味（NH_3和 H_2S）。通过分析化验表明：沼液中含有 B 族维生素（如维生素 B_{12}等）、生长素、氨基酸及抗生素等多种物质，具有抗病驱虫、杀菌作用，故被誉为“生物农药”。

（一）沼液用作叶面肥料

选用正常发酵产气 1 个月以上的沼气池中的沼液（酱油色、泡沫丰富），经纱布过滤后，加同量的水稀释一倍即可直接喷施，也可按下述方法配制沼液叶面肥：每 100 kg 沼液加入 1 kg 尿素、1.5 kg 过磷酸钙、0.2 kg 硫酸钾的比例，搅拌均匀即可。

1. 在水果种植方面

沼肥培育苹果，树势茂盛，叶色浓绿，病虫害明显减少，果实味道纯正，可比化肥增产 20%～30%；苹果叶面喷施沼液可降低生产成本，提高苹果产量，有效增强果树抗寒防冻能力，同时提高坐果率，防治病虫害，减少农药化肥用量。沼肥种葡萄，亩施沼肥 3 000 kg，取代 50%化肥用量，可比单施化肥增产 26.06%，单果穗增重 31 g。施沼肥种西瓜，与施化肥对比，亩施沼肥 3 000 kg 可增产 360 多千克，差异极显著，同时能增加西瓜甜度 0.8%，瓜地连续使用 3 年沼肥，能有效防治西瓜枯萎病。

2. 在蔬菜种植方面

亩施 1 500～2 000 kg 沼肥做基肥，适当追施沼液，种植白菜、萝卜、马铃薯、大蒜，可比化肥种植时产量高 20%左右。

用过滤的沼液 14 kg，加 0.05 kg 洗衣粉溶液（0.05 kg 洗衣粉加 0.5 kg 水制成）和 0.002 5 kg 煤油，充分拌匀后，制成沼液复合杀虫剂，每亩喷施 35 kg，对蚜虫和红蜘蛛防治，效果很好。喷施沼液，防治小麦赤霉病的效果与多菌灵相当，发病率比对照下降 20.71%，相对防治效果提高 44.88%。有关实验表明，沼液对小麦禾谷镰菌有极强的杀抑作用。小麦全蚀病是一种毁灭性病害，至今还无有效的防治办法，但喷施沼液对小麦全蚀病的防治效果相当显著，其白穗率仅为 6.0%，而对照则高达 40%。沼液对小麦根腐病菌也有很强的抑菌效果。沼液对玉米小斑核病菌和大斑核病菌的抑制作用与抑制棉花炭疽病菌的效果是一致的。沼液对蚕豆枯萎病菌有一定的抑制作用。

喷施沼液于豇豆、莲花白、大芹菜、白菜、莴笋、厚皮菜、菊花等，对蚜虫的防治效果与乐果完全一致，虫死亡率在 90%以上。

另外，沼液对小麦根腐病菌、玉米小斑病菌和黄瓜炭疽病菌也有较强的抑制作用。发酵 1 个月后的沼液具有杀灭病菌能力，同时促进植物根系发育，用于小麦、水稻和棉花浸种，具有很好的催芽、杀菌和刺激生长作用。注意浸种时间为 1～2 d，沼液应稀释 1～3 倍。

（二）沼渣的主要成分及性质

沼气发酵中的固形物是真正的沼渣，它是由未分解的原料固形物、新产生的微生物菌体组成的。将沼气发酵后料液风干就可得到沼渣，在这里提到的沼渣既包括这种风干态固形物也包括沼气池底部的固体沉淀物。发酵原料在厌氧发酵过程中，除了碳、氢、氧等元素逐步分解转化生成甲烷和二氧化碳等气体外，其余各种养分元素基本都保留在发酵后的剩余物中，其中一部分水溶性物质保留在沼液中，另一部分不溶解或难分解的有机物、无机物则保留在沼渣中，在沼渣的表面还吸附了大量的可溶性有效成分。所以，沼渣含有较全面的养分元素和丰富的有机物质，具有速缓兼备的肥效特点。

由表 7-1 可以看出，沼渣营养成分比较丰富，尤其是腐殖酸含量很高，达到了 10%～24%。由于腐殖酸对改良土壤有重要的作用，因此沼渣的土壤改良功效明显。

表 7-1　沼渣有效成分

成分	有机质含量(%)	腐殖酸含量(%)	全氮(N)含量(%)	全磷(P_2O_5)含量(%)	全钾(K_2O)含量(%)
含量	36～49.9	10～24.6	0.78～1.61	0.39～0.71	0.61～1.3

(三)沼渣用作肥料

将正常发酵 2 年以上的沼气池中的固体沉渣抽出(或挖出)来，风干(或快速烘干)后，即可直接施用，也可按下列方法配制沼渣复合肥料：按每 100 kg 沼渣(干重)加入 15 kg 尿素、10 kg 过磷酸钙的比例，将三者混合均匀后，用造粒机造成颗粒状化肥后，最后再烘干即可。

1. 沼渣做追肥

每亩地用量 100～150 kg，可以直接开沟挖穴浇灌作物根部周围，并覆土以提高肥效。据山东省临沂地区沼气研究所在玉米上的试验，沼渣肥密封保存施用比对照增产 8.3%～11.3%；晾晒施用比对照增产 8.1%～10%。

2. 沼渣做基肥

一般作底肥每亩施用量为 1 500 kg 左右，可直接撒施田面，立即耕翻，以利于沼肥入土，提高肥效。据四川省农业科学院生产实验，1 亩地增施沼肥 1 000～1 500 kg可增产水稻或小麦 10%左右；每亩地施沼肥 1 500～2 500 kg，可增产粮食 9%～26.4%，并且连施 3 年，土壤有机质含量增加 0.2%～0.83%，活土层从 34 cm 增加到 42 cm。

3. 沼渣与磷肥的混用

将沼气池底部沉淀物取出，按(10～20)：1 的比例加入磷矿粉并混合均匀。将这种混合物与有机垃圾或泥土一起堆沤。下面是沼腐磷肥的增产效果：

从表 7-2 中的试验结果可明显得到：沼渣与磷肥混合后再施用，其增产效果优于单施磷肥和单施沼渣。

表 7-2 沼渣与磷肥混用效果

施肥处理 \ 作物产量	水稻		小麦		红苕	
	产量(t/hm^2)	增产量(%)	产量(t/hm^2)	增产量(%)	产量(t/hm^2)	增产量(%)
对照(CK)	290.75	—	264.3	—	277	—
磷矿粉用量 300～375 kg/hm^2	310	6.6	279.3	11.4	295	6.7
沼渣用量 3～7.5 t/hm^2	317.15	9.1	290	13.8	325.0	17.6
沼腐磷肥用量 3.3～7.875 t/hm^2	326.65	12.3	305.85	15.7	330.15	19.1

综上所述，沼渣对改良土壤的效果表现在：①增加土壤有机质的含量，丰富土壤 N、P、K 养分；②促进土壤容重、浸水土壤容重，抗压强度减小、孔隙度增加，结构性系数、沉降系数增大，持水性增强；③促进土壤微团聚体的增加；④激活土壤中的微量元素和微生物。因此，沼气发酵残留物既可做肥料，又能培肥地力，可使农作物平均增产 10%～30%。

4. 使用沼肥的注意事项

沼肥是一种缓速兼优的好肥料，可增强作物抗旱、防冻能力，提高秧苗的成活率，生产绿色食品。由于人畜粪便及秸秆经过密闭发酵后，在产生沼气的同时，还产生一定量的沼肥，施用沼肥不但节省化肥、农药的喷施量，也有利于生产绿色食品，但施用沼肥要注意以下五点：

一忌出池后立即施用：沼肥的还原性强，出池后的沼肥立即施用，它会与作物争夺土壤中的氧气，影响种子发芽和根系发育，导致作物叶片发黄、凋萎。因此，沼肥出池后，一般先在储粪池中存放 5～7 d 后施用；沼渣与磷肥按 10∶1 的比例混合堆沤 5～7 d 后施用，效果更佳。

二忌不对水直接追施沼肥：不对水直接施在作物上，尤其是用来追施幼苗，会使作物出现灼伤现象。沼肥做追肥时，要先对水，一般对水量为沼液的一半。

三忌表土撒施：沼肥施于旱地作物宜采用穴施、沟施，然后盖土。施用于水田应在耖坯前均匀撒施田面，然后犁翻入底层。

四忌过量施用：沼肥的量不能太多，一般要比施用普通猪粪肥少。若盲目大量施用，会导致作物徒长，行间荫蔽，造成减产。

五忌与草木灰、石灰等碱性肥料混施：草木灰、石灰等物质碱性较强，与沼肥混合，会造成氮肥的损失，降低肥效。

二、职业岗位能力训练

(一)沼液浸种技术

1. 职业岗位工作

选择好正常发酵好的沼液，准备好浸种容器或工具设备，将要浸泡的种子放入容器内进行种子处理。

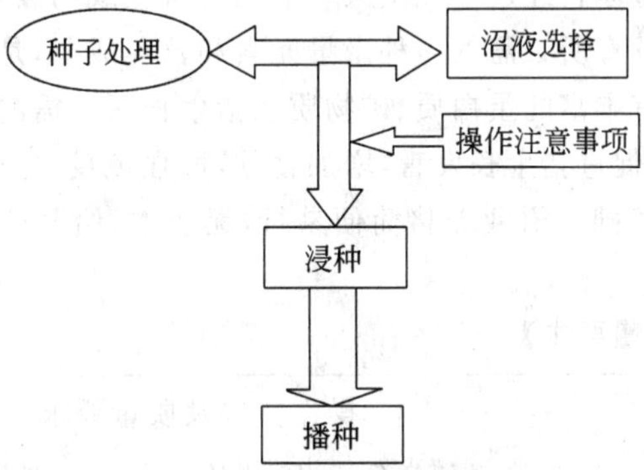

图 7-1　沼液浸种流程图

2. 操作方法步骤

(1)种子处理：在浸种前选择晴天，将稻、麦、油菜种子晒 2～3 次，提高种子吸水性能。

(2)沼液选择：应选择正常发酵产气 40 d 以上的沼气池，浸种前几天打开沼气池出料间盖板，在空气中暴露数日，每日搅动几次，使少量硫化氢气体逸散，并清除出料间液面浮渣，最好能取中层的发酵液。

(3)操作注意事项：将要浸泡的种子装入透水性好的纺织袋中，种子占袋容 2/3，将袋子放入出料间料液中。

(4)浸种时间：在播种前 1 d 浸种，浸泡 6～8 h。

(5)播种：取出种子袋用清水洗净后将种子晾在席子上，待种子表面水分干后即可播种。

3. 常见技术问题解决

(1)沼液浸种的效果如何？用沼液浸种后的种子促进芽根生长、出苗早、芽壮而齐、叶色深绿、无病害、生长快、籽粒饱满、干料重增加，比清水浸种增产 20％左右，比干种直播增产12%～15%。

(2)沼液浸种时应注意的事项：一是要选用正常发酵产气至少1个月以上的沼液，切忌使用发酵不完全的生沼液，以免破坏种子降低发芽率；二是浸种时最好将原沼液加水稀释1倍；三是浸种时间不能太长，一般在12～24 h。

(二)沼液养猪技术

【职业岗位工作】

沼液是沼气发酵原料经过甲烷菌厌氧消化后所生成的具有水溶性的剩余物，其中含有动物生长发育所必需的多种微量元素和营养成分，是一种潜在的动物营养资源。沼液中含有丰富的蛋白质、矿物质和猪生长所必需的氨基酸、维生素等，其营养成分全面，为促进猪生长发育，增加食欲，增强免疫，加快生长，为提高饲料利用率提供了物质基础。沼液养猪简便易行，无成本，给养殖户带来可观的经济收益。

【工作程序及操作质量要求】

工作程序	操作方法及质量要求
取用沼液 ↓	从正常运行产气后40 d的沼气池出料口取中层新鲜纯净沼液。取前先把沼液上面的浮沫撇开，取中部清液，经纱布过滤后，拌入猪食中搅匀即可。
调教 ↓	开始添加沼液时，猪吃食不习惯，应先饿1～2顿以增加其食欲，并可预先进行"调教"，即先将盛有沼液的盆子放在猪槽内，让猪常闻到沼液气味，给猪一个适应和习惯的过程，经过10～15 d，再将微量新鲜沼液拌入猪食内使之就食，一般经过3～5 d后，猪就慢慢适应，正常喜食。
添加方法和添加量	沼液养猪的添加标准以沼液的浓度而定，天热适当稀些，天冷适当稠些，具体以猪食后不拉稀为宜；添加分三个阶段，一是仔猪阶段(20～25 kg)每日4次，每次0.3 kg；二是架子猪(25～50 kg)每日3次，每次0.6 kg；三是育肥猪(50～100 kg)每日4次，每次1 kg。

【常见技术问题处理】

沼液喂猪时的注意事项：

(1)沼液喂猪要注意猪的采食情况，以吃完不剩为适量。如适口性差，应减量。

(2)必须是正常产气1个月以后的沼气池中层新鲜纯净沼液才能喂猪，pH值以6.8～7.2为好。不产气池或病池的沼液不能喂猪。否则，沼液中的病原菌和寄生虫卵还没有被杀死，对猪有害；这种沼液的营养成分也不是最佳状态，喂后效果不明显。

(3)不能随取随喂(尤其是浓度大的情况下)，因为这时沼液中含有氨味，对猪有刺激，影响采食。但是也不能取出后放置过久，过久易感染细菌。一般沼液取出后搅拌或放置1～2 h(冬天2 h，夏天1 h)，让氨气跑掉后再喂。

(4)喂沼液后，如猪拉稀，说明沼液过量或胃肠不适应，可以减量或停1～2 d后再喂，不治自愈，自然会好。

(5)低于20 kg仔猪不要喂沼液，喂了长得慢，主要是胃肠不适应；沼液喂养20 kg以上的猪，效果较好，增重明显；公猪可与肥猪一样喂；母猪发情前喂，可提前发情，产仔多。发情后不能喂，怀孕后更不能喂，容易堕胎和影响胚胎生长发育。产后喂食可以发乳和提高母猪乳的质量，效果佳。

(6)不能用沼液代替饲料量，不要减少每日饲料量。

(三)沼液养鸡技术

1. 职业岗位工作

沼液是一种较完备的饲料添加剂，含有铜、铁、镁、锰、锌等微量元素，还含有赖氨酸、色氨酸、钴酸、烟氨酸和核黄素。农村家用沼气池的发酵原料主要是畜禽和人的粪便、半纤维素、粗蛋白、粗脂肪几大类有机物，在沼气内经过各种细菌消化分解为葡萄糖、果糖、氨基酸、脂肪酸等，故沼液中含有上述各种营养物质及其衍生物如乙醇，醋酸有机氮、磷和钾等，另外，沼气中种类多、数量大的细菌群落具有极强的繁殖能力，在新陈代谢中产生大量的细菌蛋白，使沼液中有效营养十分丰富。

2. 饲养方法与质量要求

(1)鸡长到活重0.3 kg以上，可开始拌沼液饲喂。一般饲料均可拌用。沼液要求拌匀，用量以拌至不干不湿为宜。

(2)取用沼液从沼气池出料口取中层新鲜纯净沼液。取前先把沼液上面的浮沫撇开，取中部清液，经纱布过滤后，拌入鸡食中搅匀即可。

(3)发酵产气并已使用3个月以上的沼气池，均可取液。不产气池或病态池切忌取液饲用。

(4)但是沼液添加量要适度，若沼液量与饲料量大于1∶1的比例时，鸡会出现泻肚现象。

3. 饲养效果

沼液中所含的多种氨基酸、微量元素等活性物质，能有效地刺激母鸡卵巢的排卵功能，提高产卵能力。因此，可增加产蛋率。

(1)用沼液拌料饲养的母鸡提前 20 d 产蛋，产蛋鸡比对照鸡延长 50 d 左右，年平均产蛋期为 250 d，而用单一饲料饲养的母鸡，年平均产蛋期为 200 d，前者比后者产蛋率提高 25%。

(2)用沼液拌料饲养的鸡所产的蛋，平均每枚鸡蛋重 46.7 g，而用单一饲料养的鸡所产的蛋，平均每枚鸡蛋重 39.6 g，前者比后者蛋的增重率高 17.9%。用沼液拌料喂养一只母鸡，一年就可增收 15 元以上。

(3)用沼液拌料喂鸡，鸡平均体重 10 个月内为 1.8 kg，而不用沼液饲料喂鸡，平均体重为 1.4 kg，前者比后者增重率高 28.75%。

(四)沼渣养鱼技术

1. 职业岗位工作

养鱼单位及专业户，一向有利用人畜粪便直接放鱼池的习惯。因人畜粪便不仅可直接作吃食性鱼的饵料，而且其分解过程释放的能量及速效养分又可作浮游生物生长的营养物质，为滤食性鱼提供了饵料，但新鲜人畜粪便入池，在分解过程中要消耗大量氧，往往造成鱼池溶解氧幅度下降，引起鱼浮头，且肥效受气温、池温影响，不稳定，难控制；某些寄生虫、病原菌也随粪便入池，易引起鱼病发生。如果先将畜粪便入沼气池发酵产气，再将沼肥投入鱼池，既能保持人畜粪便直接入池的优点，又能克服其缺点。试验结果充分证明，人畜粪便与沼肥喂鱼相比，施沼肥的鱼池里水解氮可提高 15.5%、铵盐氮提高 52.9%、磷酸盐提高 11.8%、溶解氧增加 13.8%。同时浮生物特别是浮游植物的数量和重量均有增加，且没有鱼病发生。此施肥方法简单，容易推广。

2. 工作环节及操作方法

沼肥是一种速缓兼备的有机肥，既可做鱼塘基肥，又可做追肥。

(1)沼渣做基肥：在未投放鱼苗前，将沼渣撒入塘中，根据运输条件及鱼塘肥力而定施用量，一般每亩 1 000～1 500 kg。

(2)沼渣水肥做追肥：鱼苗入塘后，从 5 月份即开始施肥，每 10～15 d 施一次。沼渣每亩 100～200 kg 或沼水每亩 300～400 kg，撒泼入池。有条件的地方可直接输入。

(3)根据塘水透明度施肥：一般 5，6，9，10 月份，水透明度低于 30 cm 就施肥；

七八月高温季节，水透明度 20 cm 时可施肥，保持 10 cm 左右即可。

(4)根据季节，天气变化，灵活掌握施肥量：初春，晚秋的气温、水温较低，鱼生长慢，需食量不大，可少施；7，8，9 月高温季节，气、水温均高。鱼生长快，需食量大，浮游生物繁殖快，养分消耗多，可勤施多施。

(5)沼肥不仅能肥沃水质，促进浮游生物生长，还能作吃食性鱼类的饵料，因此可与精料拌和制成膨化颗粒，直接喂养吃食性鱼类。

3. 注意事项

(1)沼肥如起培肥水质的作用，鱼塘宜放滤食性鱼类，以白、花鲢为主，可占投放量的 70%左右。适当搭配一些罗非鱼，鲤、鲫鱼等杂食性鱼类。

(2)若将沼肥制成颗粒饲料投入鱼塘，宜放养吃食性鱼类，以草、鳊鱼为主，占投入量 50%左右，再搭配其他的鱼类。

(3)阴雨天水中浮游植物光合作用差，不易分解沼肥中的有效成分，一般应在晴天上午施肥，以免浪费劳力和肥料。

(4)新出池的沼渣，要在外面堆放 1～2 d，以释放掉对鱼类生长有害的气体。

(5)如养鱼场用沼肥养鱼，沼气池的设计要考虑产气效果和鱼塘经常用肥的需要，以中层进料，底层半自动出料的沼气池为宜。

(五)沼渣种养蘑菇技术

【职业岗位工作】

选择充分发酵腐熟的沼渣，将其脱水烘干后与其他培养基原料，按一定的比例充分混合均匀后，便可装袋，消毒后接种，再进行日常栽培技术管理。

【工作程序及操作质量要求】

工作程序	操作及质量要求
备料 ↓	沼渣出池后，堆放在地势较高地方，塑膜密封，以防害虫产卵，自然沥干，新鲜无霉烂稻草或玉米秆，扭成绳子样的草把，每个草把重约 0.7 kg，栽培前一天用清水浸泡 10 h，充分吸足水分。
播种时间 ↓	各地温度不一样，5～9 月自定。

露天栽培	选择阳光充足，通风凉爽，靠近水源的地方，选用疏松而富含有机质的沙壤土与沼渣拌匀作种草菇畦面，一般畦宽 1 m 长 10 m，晴天将土掘起，晒白后敲碎，同时喷洒 10%的石灰水和沼液，驱除土中蚯蚓及其他害虫，2 d 后，畦与畦之间开一条宽 1 m，深 30 cm 的沟，作过道和排水用。然后将吸足水分的稻草把依次横排在畦面上，穗头朝里，基端向外，紧密靠拢排齐。排好一层就用脚踩，并用 1%硫酸铵喷洒，接着撒一层沼渣，摆一层菌种，第一层用种 3 瓶，依次重叠 2～3 层，每层向里收缩 6～7 cm，形成梯形，叠完第三层后再撒满菌种。一堆草共用菌种 10 瓶左右，所用沼渣占 25%左右，最后在草堆的上面和四周盖上草帘或塑膜，以防风雨，保温、保湿，避免强光直射。4 d 后，要踩踏浇重水，并在顶部盖上泥土，室外栽培在 24 ℃的自然气温和 80%以上的空气湿度，以及 30 ℃以上的堆温，草堆含水 60%以上条件下，10～15 d 就可见菇。
日常管理	注意室温保持在 25 ℃以上，草堆内的温度经历了由低到高，再由高到低的过程。堆温在踩堆后 4～5 d 可上升到 50～60 ℃，经过 2～3 d 开始下降，当下降到 42 ℃时，就开始出菇。如果堆温上升很慢，到第 4、第 5 天，还达不到 50 ℃以上，就要进行踩结浇水，同时加厚草帘或用塑膜覆盖，如果堆温太高，则应掀开草帘，通风散热。室内栽培的湿度应控制在 90%左右，若气候干燥可以草堆覆盖物上浇水，或用喷雾器向室内喷水，并使草堆的含水量保持在 65%～70%。若遇连续高温晴天，在作堆后的第 4 天再踩踏浇水一次。当堆面出现小白点时，以保湿为主，轻喷或少喷水。随着菌蕾增大，逐渐加大喷水量，采收后，应再增加草堆的含水量。

【常见技术问题解决】

1. 沼渣种养蘑菇应注意的事项有哪些？

（1）不能用底层沼渣，以免未死亡卵孵化，污染菇床。

（2）播种 2 d 后，料温会急剧上升，上层高达 50 ℃，下层可达 45 ℃，这时要注意揭膜通风换气 10～20 min，再盖膜，料温应控制在 32～38 ℃，以免堆温过高烧坏菌丝。

（3）草菇虽喜湿，但不能超过 90%，若湿度不够时，可于晴天上午 10 时，下午 3 时喷清水，喷时要轻，切莫大泼洒。室外栽培遇雨天要用塑料膜覆盖，雨后及时揭膜，不论室内室外栽培，一定要看到料面大部分出现小蕾时才能揭膜。

(4)注意防病虫害。危害草菇的杂菌较多，多在高湿、通风不良时发生，一旦发生应及时挖掉，也可用75%的酒精棉球擦去霉菌。

2. 沼液直接用来喂猪，常导致猪发生厌食和腹泻，这是什么原因？如何处理？

这是因为新鲜沼液中含有一定量的氨气和硫化氢等刺激性气味的气体，直接从沼气池出来的沼液具有难闻的气味，所以，猪会产生厌食；另外，新鲜沼液中还含有较多的寄生虫卵，造成喂食后腹泻或拉肚子。

解决办法：将新鲜沼液从沼气池取出后，放在阳光下暴晒3～4 h，散除其中的氨气和硫化氢，然后再去喂猪，即可避免厌食和腹泻。

3. 沼液不稀释，就直接喷施叶面，会造成烧伤叶片，这是为什么？

这是因为沼液中含有较高浓度的氨基酸、生长素及N、P、K等营养元素，直接喷施在叶面上，会因为浓度较高，而烧伤叶片。

解决办法：将新鲜沼液加水稀释一倍后，再用细纱布过滤后，然后喷施在叶面上，即可避免烧伤叶片。

4. 试分析用沼渣养鱼时，为什么能减少鱼的浮头现象？

浮头现象就是在高温且无风闷热的时节经常发生的一种灾害性损失，群众俗称为“翻塘”，是由于水体中缺少氧气而造成多数鱼从水中浮出水面最终死亡。向鱼塘中投入一定的沼渣（必须是充分发酵腐熟的），可增加水体中溶解氧的含量，鱼塘中的氧气增加了，鱼就不会因缺少氧气而浮出水面，从而减少了鱼的浮头现象。

【课后作业题】

1. 沼液与沼渣的成分与性质相比较有哪些区别？
2. 在农作物上喷施沼液时应注意哪些事项？
3. 如何进行沼渣养鱼？应注意哪些问题？
4. 在施用沼渣做底肥和追肥时各应掌握哪些技术要领？
5. 试述沼肥（包括沼液与沼渣）对植物生长和土壤改良的作用。

【分析思考题】

1. 为什么将沼液喻做“生物农药”？其机理是什么？
2. 发酵不充分的沼液为什么不能喷洒于植物叶片上？
3. 在种植业上施用沼液应注意的事项有哪些？
4. 在养殖业上使用沼液时，应该注意哪些问题？

【知识延伸】

1. 参阅相关资料，沼液在花卉栽种中的应用技术；

2. 参阅相关资料，沼渣在花卉栽种中的应用技术；

3. 上网查询沼液、沼渣的最新应用技术，如沼液叶面肥，沼渣做颗粒有机肥等等。可参考的网站为：中国沼气网、中国农村能源行业网、生态家园网。

三、顶岗实习工作过程记录单

1. 沼液浸种工作记录：			
种子类型		沼液颜色	
浸种浓度		浸种时间	
浸种、催芽过程记载			
作物出苗及幼苗长势情况记载			

2. 沼渣用做肥料效果分析：				
做底肥	施用量(kg/hm²)		施肥成本	
	作物类型		对照成本	
	施肥方法记载			
	施肥作物产量(kg/hm²)		增产率(%)	
	对照作物产量(kg/hm²)		效益分析	
做追肥	施用量(kg/hm²)		施肥成本	
	作物类型		对照成本	
	施肥方法记载			
	施肥作物产量(kg/hm²)		增产率(%)	
	对照作物产量(kg/hm²)		效益分析	

3. 沼液叶面肥施用效益分析：

喷施作物类型		喷施面积(hm^2)	
喷施浓度(%)		喷施量 (kg/ hm^2)	

喷施过程记载(包括次数、每次用量、喷施时间)：

病虫害防治效果记录：

分析项目	分析记录	效果评价
病虫害防治情况		
作物增产情况		
经济效益分析		

综合效益评价：

第三节 知识拓展

一、沼气的综合利用技术

沼气是有机物在厌氧和一定的温度、浓度、酸碱度等条件下，经过微生物发酵产生的可燃气体。沼气除了主要用于炊事、照明外，还可用于温室增温增光、提供二氧化碳气肥以及储粮、孵鸡、灯光诱虫等。

(一)为温室大棚增温增光，提供二氧化碳气肥

1. 技术要点

(1)增温增光：通过点燃沼气灶、灯解决，最佳使用时间是凌晨6:00～8:30。

(2)增供二氧化碳气肥：燃烧沼气可释放出二氧化碳，最佳使用时间是凌晨7:00～9:00。防风前30 min停止燃烧沼气。

(3)温室大棚内每50 m安装一盏沼气灯，每100 m设置一台沼气灶。

2. 注意事项

(1)点燃沼气灶、灯应在凌晨室内温度较低时进行。

(2)释放二氧化碳后，水肥管理必须及时跟上。

(3)不能在温棚内堆沤发酵原料。

(4)沼气需经脱硫后燃烧，以防有害气体对作物产生危害。

(二)沼气储粮

1. 技术要点

(1)步骤：清理储粮器具、布置沼气扩散管、装粮密封，送气密闭杀虫。

(2)农户储粮：建仓可用大缸或商品储仓。也可建1～4 m^2小仓，密闭。布置沼气扩散管：缸用管可采用沼气输气管烧堵一端，在管壁上用烧红的大头针刺小孔若干，置于缸底；仓式储粮需制作“十”字或“丰”字形扩散管，刺孔，置仓底。装粮密封：装粮、装好进出气管、塑膜密封。输入沼气：每立方米粮食输入沼气1.5 m^3，使仓内氧含量降至5%(检验方法：以沼气输出管接沼气灶能点燃为宜)。密封后输气：密封4 d后，再次输入1次沼气，以后每15 d补充一次沼气。

(3)粮库储粮：粮库储粮由粮仓、沼气进出系统、塑料薄膜密封材料组成。扩散管等的设置：粮仓底部设置“十”字形，中上部设置“丰”字形扩散管，扩散管达到粮仓边沿。扩散管主管用10 mm塑管，支管用6 mm塑管，每隔30 mm钻1孔。

扩散管与沼气池相通，其间设阀门，粮仓周围和粮堆表面用 0.1～0.2 mm 的塑料膜密封，并安装好测温度和湿度的线路。粮堆顶部设一小管作为排气孔管，并与氧气测定仪相连。密闭通气：每立方米粮食输入 1.5 m^3 沼气至氧气含量降到 5%以下停止输气，每隔 15 d 补充 1 次沼气。

2. 注意事项

(1)经常检查是否漏气，严禁在粮库周围吸烟、用火。

(2)电器开关须安装于库外。

(3)沼气池产气量要与通气量配套。

(4)储粮前应尽量晒干所储粮食，并于储粮结束后及时翻晒。

(5)输气管中安装集水器或生石灰过滤器，及时排除管内积水。

(6)注意人员安全。人员进入储库前必须充分通风打开门窗，并有专人把守库外，发现异常及时处理。

(三)沼气孵鸡

1. 技术要点

(1)孵前准备

孵化房：孵化房温度宜保持 20～24 ℃。孵化箱：长×宽×高＝60 cm×60 cm×110 cm；箱内 18 cm 破格，做 6 层蛋盘；蛋盘应为网状，便于温度上下串通均恒；上、中、下部各穿小眼一个，插 3 支温度计；箱体内壁正面安装干湿球温度计 1 台；箱门上安装一块 15 cm×20 cm 的玻璃。箱体可用木板做成，制成保温夹层或单层箱体外面包裹保温物品。

孵化炉灶：配置直径 57 cm 铁锅一口，锅内蓄水，锅下置沼气炉，锅上用一块 70 cm×70 cm 的木板(厚 2.0 cm)作底盘；底盘上均匀钻若干孔并上置孵化箱。

(2)孵期管理

种蛋处理：新鲜、清水洗净、消毒(置于 35～40 ℃的 0.1%高锰酸钾溶液中 10 min)。

装盘：消毒蛋应沥干、大头朝上，提前半天放入 20～24 ℃孵化室预热。底层空置，不装蛋。

加温：点燃沼气炉、24 h 监管、控温(前期 1～10 d 38.5～39.5 ℃、中期 11～16 d 38～38.5 ℃、后期 17～21 d 37～38 ℃)。温度过高，调小火苗；温度过低，调大火苗。

调盘翻蛋：初期每 6 h 1 次。调节湿度：前期 60%、中期 55%、后期 70%。湿度过低，可用容器盛部分水置于底盘上；湿度过高，可减少锅中蓄水量。

照蛋:照 3 次,分别在 5～6 d、10～11 d、17 d 时进行。

2. 注意事项

(1)孵化房内温度应相对稳定,并保持安静。从点火升温到第 13 天(或 14 天)连续燃烧沼气炉,沼气不足宜用其他能源补充。

(2)小鸡出壳后,应在 32 ℃恒温下饲养 3 d。

(四)灯光诱虫

1. 技术要点

(1)原理:沼气灯光的波长在 300～1 000 nm 之间,许多害虫对于300～400 nm的紫外线有较大的趋光性。夏、秋季节,正是沼气池产气和各种害虫发生的高峰期,利用沼气灯光诱蛾喂鸡、鸭,可以一举多得。

(2)沼气灯应吊在距地面 80～90 cm 处。

(3)沼气灯与沼气池相距 30 m 以内时,用直径 10 mm 的塑料管作沼气输气管;超过 30 m 时适当增大输气管的管径。也可以在沼气输气管中加入少许水,产生气液局部障碍,使沼气灯产生忽闪现象,增强诱蛾效果。

(4)诱蛾喂鸡鸭的办法:在沼气灯下方放置一只盛水的大盆,水面上滴少许食用油,当害虫大量拥来时,落入水中,被水面浮油粘住翅膀而死亡,供鸡鸭采食。

2. 注意事项

诱蛾时间应根据前半夜多于后半夜的规律,掌握在天黑至午夜 12:00 为宜。

参 考 文 献

[1]邱凌.沼气生产工.北京:中国农业出版社,2002.

[2]周孟津.沼气生产技术.北京:农业出版社,2001.

[3]周大康.家畜环境卫生学.北京:农业出版社,1990.

[4]李文华.生态农业.北京:化学工业出版社,2003.

图书在版编目(CIP)数据

沼气生产与利用技术/刘德江主编．—北京：中国农业大学出版社，2008.10

ISBN 978-7-81117-576-9

Ⅰ.沼…　Ⅱ.刘…　Ⅲ.①甲烷-生产-高等学校：技术学校-教材 ②甲烷-综合利用-高等学校：技术学校-教材　Ⅳ.S216.4

中国版本图书馆 CIP 数据核字(2008)第 151865 号

书　　名　沼气生产与利用技术

作　　者　刘德江　主编　张富年　王海波　副主编

策划编辑	董　田　伍　斌	**责任编辑**	孟　梅
封面设计	郑　川	**责任校对**	王晓凤　陈　莹
出版发行	中国农业大学出版社		
社　　址	北京市海淀区圆明园西路 2 号	**邮政编码**	100193
电　　话	发行部 010-62818525,8625		读者服务部 010-62732336
	编辑部 010-62732617,2618		出　版　部 010-62733440
网　　址	http://www.cau.edu.cn/caup	**e-mail**	cbsszs@cau.edu.cn
经　　销	新华书店		
印　　刷	北京鑫丰华彩印有限公司		
版　　次	2008 年 10 月第 1 版　　2013 年 7 月第 2 次印刷		
规　　格	787×980　16 开本　13 印张　233 千字　彩插 1		
定　　价	20.00 元		